U0268084

基于薄弱件分析的
弹药储存可靠性研究

杨清熙　宣兆龙　李天鹏
姚　恺　康巧昆　穆为磊　等◎著

STUDY ON AMMUNITION STORAGE RELIABILITY BASED ON WEAK PARTS ANALYSIS

北京理工大学出版社
BEIJING INSTITUTE OF TECHNOLOGY PRESS

图书在版编目（ＣＩＰ）数据

基于薄弱件分析的弹药储存可靠性研究／杨清熙等
著．-- 北京：北京理工大学出版社，2022.9
ISBN 978 - 7 - 5763 - 1738 - 1

Ⅰ．①基… Ⅱ．①杨… Ⅲ．①弹药 - 储存 - 可靠性 -
研究 Ⅳ．①TJ410.89

中国版本图书馆 CIP 数据核字（2022）第 176681 号

出　　版	／	北京理工大学出版社有限责任公司
社　　址	／	北京市海淀区中关村南大街 5 号
邮　　编	／	100081
电　　话	／	（010）68914775（总编室）
		（010）82562903（教材售后服务热线）
		（010）68944723（其他图书服务热线）
网　　址	／	http://www.bitpress.com.cn
经　　销	／	全国各地新华书店
印　　刷	／	三河市华骏印务包装有限公司
开　　本	／	710 毫米 × 1000 毫米　1/16
印　　张	／	10
彩　　插	／	2
字　　数	／	185 千字
版　　次	／	2022 年 9 月第 1 版　2022 年 9 月第 1 次印刷
定　　价	／	66.00 元

责任编辑／徐　宁
文案编辑／宋　肖
责任校对／周瑞红
责任印制／李志强

图书出现印装质量问题，请拨打售后服务热线，本社负责调换

前　言

　　弹药作为打击敌方目标的最终手段，平时训练和战时作战消耗量巨大，为了保障弹药的及时供应，弹药需要长期战备储备，是一种"长期储存、一次使用"的特殊军事装备。随着储存时间延长，其性能逐渐降低，在严劣环境因素的影响下，更是加速了这一过程。特别是随着科学技术的发展，弹药智能化、信息化程度越来越高，一大批新材料、新元件应用到弹药上，而现代战场环境越来越复杂，储存环境越来越复杂，弹药可能临时甚至长期储存在海岛、舰船等复杂环境下，这些复杂储存环境，可能涉及温度、湿度、盐度、振动、冲击、电磁等多种因素，因此亟须研究其储存可靠性问题。

　　本书从弹药储存环境分析出发，介绍故障树分析、薄弱件可靠性分析方法，针对典型薄弱件，介绍其加速试验、自然储存试验、仿真分析方法，最后介绍系统和整体可靠性评估方法。本书共6章：第1章分析弹药储存环境，重点介绍了内陆仓库、海岛、舰船储存环境；第2章从自然、诱发、复合三方面分析典型环境因素对弹药可靠性的影响，并阐述了皮尔逊和灰关联熵两种主要环境影响因素分析方法；第3章介绍故障树分析方法、加速、自然储存、软件仿真等薄弱件储存可靠性方法；第4章选取典型弹体薄弱件、非金属材料、火工品、电子元器件、弹簧、加速度计、热电池，介绍其可靠性试验分析方法；第5章仿真分析弹簧、橡胶、铆钉可靠性；第6章阐述成败型、指数型、多种分布型系统可靠性及整体可靠性评估方法。

　　本书研究内容受到十三五预研基金项目（61400020302）的资助，书中部分试验内容得到中国兵器工业第五九研究所、北京强度环境研究所的支持，在此表示感谢。本书主要由杨清熙、宣兆龙、李天鹏、姚恺、康巧昆、穆为磊、何益艳、赵方超、魏华男编撰，学生杜博文、崔增辉、程泽、黄清杨、陆永宁等参与完成。同时，本书也参考了国内外的文献资料，在此对其作者表示诚挚谢意。

　　由于作者水平有限，以及所做工作的局限性，书中难免有不妥之处，恳请广大读者批评指正。

作　者

2022 年 9 月

目　录

第 1 章　弹药储存环境分析 ………………………………………………… 001

1. 1　弹药储存环境剖面分析 ……………………………………………… 002
  1. 1. 1　弹药寿命剖面构建 …………………………………………… 002
  1. 1. 2　弹药储存环境剖面 …………………………………………… 004

1. 2　内陆仓库储存环境分析 ……………………………………………… 004
  1. 2. 1　洞库温湿度环境 ……………………………………………… 005
  1. 2. 2　地面库温湿度环境 …………………………………………… 007

1. 3　海岛储存环境分析 …………………………………………………… 008
  1. 3. 1　高湿环境 ……………………………………………………… 008
  1. 3. 2　高盐雾环境 …………………………………………………… 008

1. 4　舰船储存环境分析 …………………………………………………… 009
  1. 4. 1　环境剖面构建 ………………………………………………… 009
  1. 4. 2　战备值班环境 ………………………………………………… 012
  1. 4. 3　舱室储存环境 ………………………………………………… 014

第 2 章　典型环境应力影响分析 …………………………………………… 015

2. 1　自然环境影响分析 …………………………………………………… 016
  2. 1. 1　气温 …………………………………………………………… 016

2.1.2　湿度 ································· 017

2.1.3　盐雾 ································· 018

2.1.4　太阳辐射 ····························· 019

2.2　诱发环境影响分析 ························· 020

2.2.1　振动 ································· 020

2.2.2　冲击 ································· 021

2.2.3　电磁 ································· 021

2.3　复合环境影响分析 ························· 022

2.4　主要影响环境因素分析方法 ················· 023

2.4.1　皮尔逊相关性分析法 ··················· 023

2.4.2　灰关联熵分析法 ······················· 030

2.4.3　两种方法对比分析 ····················· 034

第3章　弹药薄弱件可靠性分析方法 ············· 037

3.1　故障树分析方法介绍 ······················· 038

3.1.1　故障树的建立 ························· 038

3.1.2　故障树分析的基本步骤 ················· 039

3.1.3　典型弹药故障树 ······················· 040

3.2　试验样本量确定方法 ······················· 043

3.2.1　Bayes方法的基本思想 ················· 043

3.2.2　先验信息的获取 ······················· 044

3.2.3　先验信息的检验 ······················· 044

3.2.4　试验样本量确定算例 ··················· 046

3.3　自然储存试验分析法 ······················· 050

3.3.1　自然环境试验类型 ····················· 050

3.3.2　自然环境试验方案设计 ················· 051

3.3.3　可靠性评估模型 ······················· 051

3.3.4　模型预测误差估算 ····················· 054

3.4　加速储存试验分析法 ······················· 055

3.4.1　加速试验类型 ························· 055

3.4.2　加速试验方案设计 ····················· 056

3.4.3　寿命分布模型 ························· 057

3.4.4　加速模型 ····························· 058

3.4.5　参数估计 ····························· 059

3.5 软件仿真分析法 ⋯⋯⋯⋯⋯⋯⋯⋯⋯⋯⋯⋯⋯⋯⋯⋯⋯ 060

3.6 信息融合分析法 ⋯⋯⋯⋯⋯⋯⋯⋯⋯⋯⋯⋯⋯⋯⋯⋯⋯ 062

第 4 章　弹药典型薄弱件可靠性试验分析 ⋯⋯⋯⋯⋯⋯⋯⋯ 065

4.1 典型弹体薄弱件可靠性试验分析 ⋯⋯⋯⋯⋯⋯⋯⋯⋯⋯ 066

　　4.1.1 "三防"漆海洋自然储存试验分析 ⋯⋯⋯⋯⋯ 066

　　4.1.2 铝合金结构件海洋自然储存试验分析 ⋯⋯⋯ 067

　　4.1.3 螺钉标准件海洋自然储存试验分析 ⋯⋯⋯⋯ 068

　　4.1.4 电连接器海洋自然储存试验分析 ⋯⋯⋯⋯⋯ 069

4.2 典型非金属材料可靠性试验分析 ⋯⋯⋯⋯⋯⋯⋯⋯⋯⋯ 071

　　4.2.1 橡胶密封圈加速储存试验分析 ⋯⋯⋯⋯⋯⋯ 071

　　4.2.2 橡胶减振器加速储存试验分析 ⋯⋯⋯⋯⋯⋯ 075

　　4.2.3 环氧灌封材料恒温热老化加速试验分析 ⋯⋯ 077

4.3 典型火工品可靠性分析 ⋯⋯⋯⋯⋯⋯⋯⋯⋯⋯⋯⋯⋯⋯ 083

4.4 典型电子元器件加速试验分析 ⋯⋯⋯⋯⋯⋯⋯⋯⋯⋯⋯ 087

4.5 扭压弹簧加速储存试验分析 ⋯⋯⋯⋯⋯⋯⋯⋯⋯⋯⋯⋯ 088

4.6 加速度计加速退化试验分析 ⋯⋯⋯⋯⋯⋯⋯⋯⋯⋯⋯⋯ 094

4.7 热电池加速老化试验分析 ⋯⋯⋯⋯⋯⋯⋯⋯⋯⋯⋯⋯⋯ 096

第 5 章　弹药典型薄弱件仿真分析 ⋯⋯⋯⋯⋯⋯⋯⋯⋯⋯⋯ 099

5.1 弹簧温度—振动双环境力仿真分析 ⋯⋯⋯⋯⋯⋯⋯⋯⋯ 101

　　5.1.1 仿真对象 ⋯⋯⋯⋯⋯⋯⋯⋯⋯⋯⋯⋯⋯⋯⋯ 101

　　5.1.2 分析模块选择 ⋯⋯⋯⋯⋯⋯⋯⋯⋯⋯⋯⋯⋯ 101

　　5.1.3 仿真模型构建 ⋯⋯⋯⋯⋯⋯⋯⋯⋯⋯⋯⋯⋯ 102

　　5.1.4 约束及载荷设置 ⋯⋯⋯⋯⋯⋯⋯⋯⋯⋯⋯⋯ 103

　　5.1.5 仿真结果分析 ⋯⋯⋯⋯⋯⋯⋯⋯⋯⋯⋯⋯⋯ 105

5.2 铆钉温度—振动双环境力仿真分析 ⋯⋯⋯⋯⋯⋯⋯⋯⋯ 110

　　5.2.1 仿真对象 ⋯⋯⋯⋯⋯⋯⋯⋯⋯⋯⋯⋯⋯⋯⋯ 110

　　5.2.2 分析模块选择 ⋯⋯⋯⋯⋯⋯⋯⋯⋯⋯⋯⋯⋯ 111

　　5.2.3 仿真模型构建 ⋯⋯⋯⋯⋯⋯⋯⋯⋯⋯⋯⋯⋯ 112

　　5.2.4 约束及载荷设置 ⋯⋯⋯⋯⋯⋯⋯⋯⋯⋯⋯⋯ 113

　　5.2.5 仿真结果分析 ⋯⋯⋯⋯⋯⋯⋯⋯⋯⋯⋯⋯⋯ 115

5.3 橡胶减振器温度—振动双环境力仿真分析 ⋯⋯⋯⋯⋯⋯ 120

　　5.3.1 仿真对象 ⋯⋯⋯⋯⋯⋯⋯⋯⋯⋯⋯⋯⋯⋯⋯ 120

　　5.3.2　分析模块选择 ·· 120

　　5.3.3　仿真模型构建 ·· 120

　　5.3.4　约束及载荷设置 ·· 122

　　5.3.5　仿真结果分析 ·· 124

第6章　典型系统评估方法 ·· 129

　6.1　成败型系统可靠性评估方法研究 ································· 130

　　6.1.1　串联成败型系统数据折算方法 ·························· 130

　　6.1.2　并联成败型系统数据折算方法 ·························· 131

　　6.1.3　成败型系统可靠性 Bayes 估计 ························· 132

　6.2　指数型系统可靠性评估方法研究 ································· 132

　　6.2.1　成败型数据折合成指数型数据 ·························· 133

　　6.2.2　指数型系统可靠性评估方法 ···························· 134

　6.3　多种分布型系统可靠性评估方法研究 ························· 135

　6.4　整体可靠性评估 ·· 136

　　6.4.1　不同源数据的权重确立 ································ 137

　　6.4.2　模糊性能状态判断 ···································· 138

　　6.4.3　贝叶斯网络模型分析 ·································· 139

　　6.4.4　实例分析 ·· 142

参考文献 ··· 145

第 1 章

弹药储存环境分析

弹药是典型的长期储存、一次使用的装备，在弹药的全寿命过程中，可能长期处于储存状态，如内陆仓库储存、海岛环境储存、舰船环境储存等。为了分析其储存可靠性问题，需要先分析其储存环境。

|1.1 弹药储存环境剖面分析|

1.1.1 弹药寿命剖面构建

弹药全寿命过程通常是指弹药自论证生产到交付部队，经储存运输到使用或报废的寿命过程，如图1-1所示。

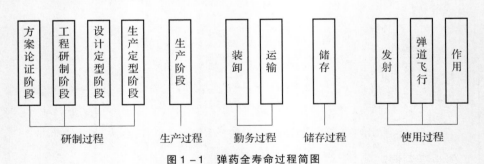

图1-1 弹药全寿命过程简图

从图1-1可以看出，弹药的全寿命过程包括研制过程、生产过程、勤务过程、储存过程和使用过程5个方面。其中研制过程和生产过程包括方案论证、工程研制、设计定型、生产定型和产品的生产，这部分工作主要由研制和生产部门负责；勤务过程是弹药从出厂装卸、运输到仓库储存、使用的过程。

通常将弹药交付部队到寿命终结这段时间内所经历的全部事件和环境的时

序描述叫作弹药的寿命剖面。在弹药的寿命剖面中，弹药将经历一系列的环境事件，把寿命剖面对应的环境种类、量值和持续时间按其时序进行描述，就得到了寿命期环境剖面。根据 GJB 4239—2001《装备环境工程通用要求》的规定，弹药寿命期环境剖面包括以下几个方面内容。

（1）装备在装卸、运输期间预计的状态；

（2）可能遇到的环境及其有关的地理位置和气候特性；

（3）包装/容器的设计/技术状态；

（4）装备所处的安全、储存和运输平台；

（5）与邻近装备的接口及邻近装备的工作情况；

（6）寿命期剖面每个阶段暴露与某环境下的相对和绝对持续时间；

（7）寿命期剖面每个阶段预期出现的频度或可能性；

（8）由于装备的设计或自然规律，环境对装备的限制或临界值。

根据弹药全寿命过程，可以构建弹药寿命期环境剖面结构如图 1－2 所示，其中运输、储存、检测及维修、训练及战备阶段的环境剖面需要考虑以下内容。

图 1－2　弹药寿命剖面结构

（1）运输。通常有铁路运输、公路运输、水路运输和空中运输。在运输过程中，装备要经受温度、湿度、盐雾等自然环境的影响，并要经受振动、冲击、电磁干扰等方面的影响力。

（2）储存。通常包括弹药所处的储存环境（如地理位置、气候特性、库房条件等）、储存的时间、储存时弹药所处状态（如控温控湿、防静电等），主要受到的是温度、湿度、盐雾、微生物等自然环境的影响，对于舰船储存情况，可能也受到振动、冲击、电磁干扰等方面影响。

（3）检测及维修。一般指定期检测及出现故障后的维修，要求有良好的温、湿度环境，检测过程符合弹药的技术要求，检测累积时间不得超过其电子产品的工作寿命。主要受到的是电压、电流等的影响。

（4）训练及战备。主要指在训练场、值班地域或作战区域时弹药所处的一种环境状态和储存状态，包括温度、湿度、盐雾、日照、雨水、气压、微生物、电磁环境等环境状态，及其临时储存条件（如临时库储存、露天储存、武器平台装载储存等）。弹药要经受温度、湿度、盐雾、振动、冲击、电磁干扰、微生物等环境因素的影响。

1.1.2 弹药储存环境剖面

弹药储存通常包括库房储存、检测、维修、搬运等事件，如图1-3所示。其储存剖面对应的环境种类、量值和持续时间按其时序进行描述，就得到了储存环境剖面。

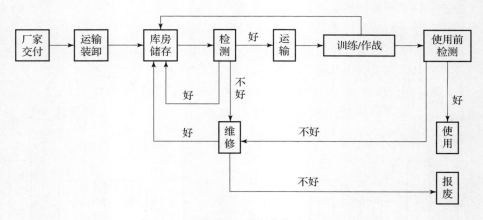

图1-3 储存事件

储存环境剖面的环境因素包括自然环境因素、诱发环境因素等。其中，自然环境因素包括温度、湿度、气压、雨水、盐雾、微生物等；诱发环境因素包括机械因素（振动、冲击等）、有害气体（酸性气体、二氧化硫等）及各类辐射静电等。随着弹药储存场所的不同，弹药储存环境因素会存在较大的差异，比如内陆仓库储存、海岛储存、舰船储存等。

|1.2 内陆仓库储存环境分析|

弹药的内陆仓库储存环境条件以气候环境条件为主，因此环境因素也主要以自然环境因素为主。对于内陆仓库库房内的弹药，其受到大气压力、降水、太阳辐射、沙尘、霉菌、盐雾和风等因素的影响很小，主要受到温湿度、空气含氧量、含氮量、微生物等因素的影响，而又以温湿度的影响最甚。

按照规定，弹药库房温湿度应控制在"三七线"（温度为 30 ℃，相对湿度为 70%）以下。为控制温湿度在适宜的范围内，要求弹药库房设施技术条件良好，如具有较好的密封条件，墙和顶要有一定的隔热厚度，门窗的尺寸要合理等。尽管如此，弹药库房内外的环境并非完全"绝缘"，外界的"湿""热"可以从库房结构的薄弱环节传递进来，从而影响库内的温湿度环境。下面分别针对洞库和地面库，从结构形式、湿热原因、分布影响进行分析。

1.2.1　洞库温湿度环境

1. 洞库的结构

洞库又叫地下库，深埋于山体之中，被覆面上一般有 20 m 以上的山体自然保护层，因而洞库的防护能力强、隐蔽性好。洞库按建造方法可分为梁柱式洞库和开山式洞库两种类型。梁柱式洞库通常利用自然山洞来建造，结构一般采用梁柱式结构，以钢筋混凝土梁柱作为库房的支撑承重骨架，用砖或石块砌墙，房顶采用预制件或现浇钢筋混凝土结构。开山式洞库首先要依山势开凿毛洞；然后进行被覆，设置排水系统，构筑地坪；最后安装库房设备而成。依据被覆形式的不同，开山式洞库又分为贴壁式洞库和离壁式洞库，两者的区别主要是被覆与毛壁之间是否有空隙。

2. 洞库潮湿原因分析

洞库具有 20 m 以上的自然山体保护层，保护层可以起到极好的隔热作用，内部环境受外界影响小，因此其温度可以长期保持恒定，日平均温度在密闭季节几乎无变化，通风季节或开门作业时因受库外气温影响稍有变化。而洞库的湿度容易超标，因此重点分析洞库潮湿的原因。

（1）洞库渗水、漏水。山体水、地下水经过被覆的薄弱部位侵入库内，造成库内表面有明显可见的水，称为洞库的渗漏水。渗漏水向库内散发必然导致库内湿度升高。造成洞库渗漏水的原因一是大量的地下水存在，地下水容易透过被覆面向库内渗漏。二是被覆结构存在防水的薄弱部位，如施工不当造成蜂窝、混凝土破裂、未做防水处理的施工伸缩缝等。此外，由于排水系统堵塞，或者由于雨季山体水突然增加，致使水压增大，被覆层防水层抵挡不住也会造成渗漏。

（2）被覆散湿。在洞库被覆没有明显渗漏水的情况下，被覆内表面虽无可见水，但被覆层仍不断向库内散发水汽，使库内湿度增大，这种现象称为被覆散湿。被覆散湿的原因有两点。一是被覆层含水的散发。被覆层含水即指施工多余用水，每立方米混凝土含施工余水约 140 kg，其量相当大，而且散发较慢，根据试验，如让其自然散发，4 年才能散湿 53% 左右，会长期影响库内湿度。因此，在库房投入使用前，一般采用增大库内空气饱和差、加快湿空气排出等方法，使施工余水较快地散发出来。二是山体水透过被覆层的散发。当施工余水基本排除后，被覆外面的山体水将通过被覆结构内部的毛细管道，透过防水层向库内散发，成为被覆层散湿的主要因素。

（3）库外潮湿空气的侵入。当库外空气的绝对湿度大于库内的绝对湿度时，如果开门作业或库门密闭不严，库外的潮湿空气就会侵入库内，带入水分，使洞库潮湿。

（4）木质部分含水的蒸发。库内木质部分主要指木质包装箱、枕木等。木材本身是含水的，在不同条件下，木材的平衡含水率有大有小。当木材的实际含水率大于当时气温和相对湿度所决定的平衡含水率时，木材里所含水分将向外蒸发，使库内空气湿度增大。尤其是在潮湿季节弹药入库时，首先木质弹药包装箱会带入外界的水分，然后在库内散发，使库内湿度急剧上升。此外，人员在库内呼吸、出汗时都会排出水汽。雨雪天人员着湿衣、湿鞋进库，也会带入水分。

3. 洞库温湿度分布影响分析

（1）影响温度分布的主要因素

从上面的分析我们可知，洞库内的温度是比较稳定的，受外界影响较小。影响温度分布的因素主要有两个：一是洞库出入口处与其他位置相比，隔热能力较薄弱，而且在物资出入或人员进出时，易受外界环境的影响，温度可能会比洞内其他位置的高或低；二是由于温度高的空气密度小易上升，温度低的空气密度大易下沉，所以同一弹药堆垛垛顶的环境温度要比垛底高。

（2）影响湿度分布的主要因素

从引起洞库潮湿的原因分析中可以知道，在洞库防潮结构良好及管理措施到位的情况下，洞库潮湿的原因主要是被覆散湿和库外潮湿空气从库口入侵两个因素。在洞库被覆层的材料结构、防水层的质量良好的情况下，被覆散湿量主要与山体水的多少有关。一般来说，山体深层的山体水要多于山体表层，因此，位于山体最深层的洞库深处其被覆散湿量大，导致此处湿度也最高。库口处易受外界环境的影响，其湿度也会比洞库内其他位置的湿度高或低。此外，湿度大的空气密度大易下沉，湿度小的空气密度小易上升，因此，同一弹药堆垛垛顶的相对湿度比垛底的相对湿度低。

1.2.2　地面库温湿度环境

1. 地面库的结构

地面库的类型，按屋顶形状可分为平顶地面库和坡顶地面库；按建筑结构可分为砖石、砖木、钢筋混凝土结构地面库等。地面库的基本结构包括地坪、墙壁、屋顶、门和窗。为提高防潮防热能力，地面库一般采用防水防潮性能好的材料制作地坪和墙壁，屋顶装有天棚或隔热层，门和窗的密闭性也较好，以避免外界空气渗入。

2. 地面库湿热原因分析

地面库建筑在地面以上，其温湿度环境易受库外气候环境的影响。其潮湿的原因和洞库基本相同，雨雪天，当库房防水措施不利时，易造成渗漏水；地下水位高或墙面淋雨时，水会透过地坪和边墙向库内散发；由于库房门窗未严格密封，或因开门作业等原因，库外潮湿空气会进入库内，使库内潮湿；弹药木包装箱入库前含水量大或被淋湿，入库后蒸发水分也会使库内湿度增大。地面库内温度的升高和降低，是由库房的热量得失和总热量容量决定的。地面库热量的基本来源是太阳辐射，在太阳辐射和库外气温的共同作用下，屋顶和外墙温度升高，将热量传入库内，使温度上升。

此外，门、窗、通风孔等处一般热阻较小，传入热量多。当门、窗、通风孔密封不好，或人员物资出入时，库内外空气对流量大，传入库内的热量就多，使得库房温度升高。

3. 地面库温湿度分布影响分析

（1）影响温度分布的主要因素

在地面库内，温度的分布与太阳辐射热的传递方向和外界空气的渗透有密切关系。从高低位置来说，库顶易吸收和传递太阳的辐射热，而且温度高的空气密度小，所以弹药堆垛垛顶温度可能比垛底的温度高。从水平位置来说，阳面的边墙易吸收和传递太阳的辐射热，使周围的空气温度升高，而靠近阴面边墙的弹药堆垛相对来说温度就较低；此外，门窗的密闭性和隔热性比墙体要差，因此靠近门窗的弹药堆垛易受库外空气的影响，从而比其他位置的温度高或低。

（2）影响湿度分布的主要因素

在地面库内，湿度的分布主要与地坪、边墙、屋顶的水汽散发和库外潮湿空气的渗透有关系。一般来说，由于潮湿空气密度大、易下沉，因此堆垛底部的湿度比顶部大，这在地坪散湿量大时更加明显。由于有边墙的散湿，四周的湿度比中间的湿度大，在淋雨面的边墙处湿度更大。此外，门窗密封不好时，潮湿空气易从此处渗入，使门窗周围的空气湿度显著升高。

|1.3　海岛储存环境分析|

相较于内陆仓库储存环境，海岛储存环境容易受到海洋环境的影响。海洋环境，根据高度和海水深度分为 5 个区域，即海洋大气区、海洋飞溅区、海水潮差区、海水全浸区（包括海水表层浸泡区和海水深海区）和海底泥土区。对于海岛储存弹药，主要受到海洋大气的影响，由于海洋环境的特殊性，其自然环境因素与内陆地区的自然环境因素相比，呈现高湿、高盐雾的特点。

1.3.1　高湿环境

海洋大气环境具有高湿的特点，主要原因在于：①海水蒸发，产生大量的水蒸气，导致海洋大气湿度远远高于内陆环境；②海岛地区相较内陆地区，降水频率、降水量都较大，进一步增大了空气湿度。比如西沙群岛地区，在 1988—1997 年，十年平均相对湿度在 80% ~ 84%，最高为 100%，最小为 47%，月平均相对湿度大于 80% 的时间一年有 9 个月以上。

1.3.2　高盐雾环境

海洋大气中盐雾主要由于海浪冲击产生大量盐水滴，盐水滴在进入空气扩散过程中，不断地被分裂、重组、蒸发，保持微小粒度的雾滴飘浮于大气中形成盐雾。雾滴主要由氯化物、钠和硫酸盐离子组成，成分与海水类似，氯化物占盐分 90% 以上。

通常采用盐雾颗粒大小、盐雾含量、盐雾沉降量来描述盐雾特征。盐雾颗粒的直径一般在 100 μm 以下，密度可达 500 个/cm^3，距海愈远，小颗粒的雾滴所占比例会愈多。雾滴在飘向陆地的过程中，由于水分的蒸发，从大液滴缩成小液滴，甚至形成干盐粒，由于重力缓慢降落，盐雾浓度逐渐下降，沿海陆地和海岛的降雨，也会降低盐雾浓度。广州电器科学研究所曾对我国部分沿海地区盐雾含量进行了测量，随着离海距离的不同，最大值在 0.024 ~ 1.375 mg/m^3

范围内。据报道，沿海地区的盐雾沉降量可高达 122.8 mg/(m² · d)，广州电器科学研究所曾对我国东南沿海一些城市的盐雾沉降量进行了测量，平均值在 8.2 ~ 33.1 mg/(m² · d) 范围内。

海岛环境除了高湿、高盐雾的共同特点外，其温度、湿度、盐雾等环境因素主要与所在海域相关。根据文献资料，我国四大海域气候环境统计参数，如表 1 - 1 所示。可知，各海域的相对湿度普遍较高，年均相对湿度在 68% ~ 85% 范围内，年均盐雾浓度在 0.038 9 ~ 0.138 1 mg/m³。

表 1 - 1　我国四大海域气候环境统计参数

海域	年均温度 /℃	年降水量 /mm	年均相对 湿度/%	年均盐雾浓度 /(mg · m⁻³)	年辐射总量 /(MJ · m⁻²)
渤海	10.1	656.0	68%	0.038 9	4 707.17
黄海	11.9	777.4	74%	0.138 1	4 498.02
东海	16.3	1 201.2	79%	0.118 0	4 353.28
南海	24.4	2 044.5	85%	0.127 5	4 664.13

|1.4　舰船储存环境分析|

为了维护海洋权益，舰船运输、储存弹药的需求越来越大。而舰船储存环境相较于海岛储存环境和内陆仓库储存环境更为恶劣。本节以舰载航空弹药为例，分析舰船储存环境。

1.4.1　环境剖面构建

舰载航空弹药的寿命剖面通常包括交装、运输装卸、舱室储存、取出、装配、转运、测试、维修、挂载、战备值班、飞行发射、完成作战任务或退役报废等。而其储存剖面主要包括舱室储存、取出、装配、转运、测试、维修、挂载、战备值班，如图 1 - 4 所示。

舰载航空弹药的储存环境剖面，如表 1 - 2 所示。

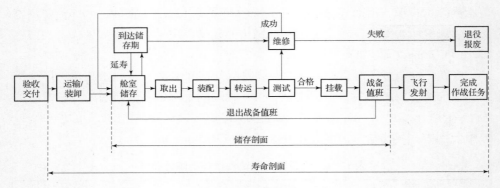

图 1 – 4　寿命剖面

表 1 – 2　储存环境剖面

序号	经历任务	主要环境应力	单位	作用时间
1	舱室储存	温度	℃	天
		相对湿度	%	
		盐雾	mL/cm²	
		振动	g	
		摇摆	(°)	
2	取出	振动	g	min
		冲击	g	
		温度	℃	
		相对湿度	%	
		盐雾	mL/cm³	
		摇摆	(°)	
3	装配	振动	g	min
		冲击	g	
		温度	℃	
		相对湿度	%	
		盐雾	mL/cm³	
		摇摆	(°)	

续表

序号	经历任务	主要环境应力	单位	作用时间
4	转运	振动	g	min
		冲击	g	
		温度	℃	
		相对湿度	%	
		盐雾	mL/cm^3	
		摇摆	(°)	
5	测试	电应力	V/A	min
		振动	g	
		温度	℃	
		相对湿度	%	
		盐雾	mL/cm^3	
		摇摆	(°)	
6	维修	冲击	g	min
		振动	g	
		温度	℃	
		相对湿度	%	
		盐雾	mL/cm^3	
		摇摆	(°)	
7	挂载	振动	g	min
		冲击	g	
		温度	℃	
		相对湿度	%	
		盐雾	mL/cm^3	
		摇摆	(°)	

序号	经历任务	主要环境应力	单位	作用时间
8	战备值班	温度	℃	h
		相对湿度	%	
		盐雾	mL/cm^3	
		振动	g	
		摇摆	（°）	
		冲击	g	

由表 1 - 2 可以看出，对于舰载航空弹药，绝大多数时间处于舱室储存和战备值班中，其储存剖面主要包括舱室储存和战备值班两个事件。同样，对于舰载航空弹药储存环境剖面主要包括战备值班环境和舱室储存环境两个事件。下面分别分析两个环境事件环境因素的量值范围。

1.4.2　战备值班环境

舰载航空弹药在战备值班时，主要在海洋大气区，会受到风速、风向、降露周期、雨量、温度、盐度、太阳照射、尘埃、季节和污染等环境因素影响。舰船在海洋上运动过程中，由于海浪冲击，舰船中储存的航空弹药也会受到冲击振动影响。现代舰船雷达、通信、广播、电子对抗等射频源较多，电磁干扰也较严重。可见影响舰载航空弹药战备值班的环境因素主要有温度、湿度、盐雾、太阳辐射、冲击、振动、摇摆、倾斜、电磁等，按类型可划分为气候环境、机械环境、电磁环境三大类。

下面重点从高低温、高湿、高盐雾、振动、摇摆和倾斜、电磁环境等方面分析弹药战备值班环境，对弹药舰载储存相关战备值班环境剖面进行总结、分析。

（1）高低温。舰载航空弹药在储存过程中会受到高温、低温环境影响。昼间舰船环境温度相对较高，夜间、阴雨天温度则较低。由于近岸海域受陆地的影响，渤海、黄海、东海等温线大致呈东北—西南走向，气温年较差由北往南逐渐递减，渤海的年较差最大，为 27 ~ 28 ℃；黄海北部为 26 ℃ 左右；黄海南部为 21 ~ 24 ℃；东海北部为 18 ~ 28 ℃，东海中、南部为 11 ~ 17 ℃；台湾以东海域为 8 ~ 11 ℃；南海北部为 7 ~ 13 ℃；南海中部为 3 ~ 5 ℃；南海南部为 2 ~ 3 ℃。而 GJB 1060.2—1991《舰船环境条件要求——气候环境》指出海面环境高温极值 51 ℃，舰船设备露天部位应再加上 1 110 W/m² 太阳辐射热产生温升（相当于 17 ℃），海面环境低温极值 - 38 ℃。

（2）高湿。海洋有充沛的水资源，在日光的照射下，海水蒸发，因此海区内的空气湿度远远大于内陆地区，具有湿度大、持续时间长、无干燥和潮湿季节之分的特点。如西沙群岛，年平均相对湿度约为 81%，最高为 100%。GJB 1060.2—1991 指出海面环境高温高相对湿度最高纪录为 36 ℃，相对湿度 100%；海面环境低温高相对湿度最高纪录为 - 38 ℃，相对湿度 100%。

（3）高盐雾。我国南海、东海和渤海海面上空气中盐雾含量在 0.33 ~ 23.6 mg/m³ 范围，盐雾沉降量与大气中的盐雾含量有着密切的关系。

相关文献总结了我国各大海域气候环境的具体参数，其中南海海域的气候环境比较典型。南海作为热带海洋，具有高温高湿、日照时间长、辐射强度大、易受台风影响的特点，十分考验舰载装备的储存条件，其年均盐雾浓度 0.127 5 mg/m³。GJB 1060.2—1991 指出露天设备应能在 5 mg/m³ 的盐雾环境正常工作。

（4）振动。为了打仗备战的需要，舰载弹药已经由过去经常近海待命和内陆库房储存转变成长期随舰船在海上航行的状态。舰船航行过程中，舰船上发动机、发电机、螺旋桨等部件时刻处于机械运动状态，加之风、浪等自然环境影响，弹药在舰载储存状态中长期受机械振动环境影响。

相关文献中指出船向振动加速度主峰大约是 50 Hz，加速度峰值约为 0.412 7 m/s²；横向振动的加速度主峰在 562.5 Hz，加速度峰值约为 0.812 m/s²；垂直振动的加速度主峰在 562.5 Hz，其加速度峰值约为 1.560 2 m/s²。GJB 1060.1—1991《舰船环境条件要求——机械环境》指出振动频率范围 1 ~ 16 Hz，位移幅值 1 mm；振动频率范围 16 ~ 60 Hz，加速度峰值 10 m/s²。

（5）摇摆和倾斜。舰船在海上航行中，由于风浪、暗流、潮汐等环境因素影响，不可避免地会产生显著的摇摆和倾斜，这也是弹药舰载储存所经受的最基本环境。

相关文献指出，对于水面舰艇，首倾或尾倾在 5°以内，横倾在 15°以内；纵摇在 ±10°以内，横摇 ±45°以内。

（6）电磁。随着微电子、计算机技术及电爆装置在弹药上的广泛应用，使弹药电磁敏感性越来越严重，因此，电磁环境是影响弹药舰载储存的一个主要因素。现代舰船上雷达、通信、干扰等电子设备广泛应用，且各设备的发射功率越来越大，频谱覆盖范围不断拓宽，使得舰船电磁环境变得十分复杂。相关文献指出海军舰艇开发利用了 0 ~ 40 GHz 几乎整个无线电频谱，发射机平均功率高达几千瓦。GJB 1446.40—1992《舰船系统界面要求—电磁环境—电磁辐射》指出甲板可能遇到的电磁频谱范围 10 kHz ~ 300 GHz，低频可扩展到 20 Hz，辐射功率峰值 MW 级。

（7）冲击。舰船上设备工作环境的冲击条件，主要是由于风力作用造成的。海浪对舰船造成一定强度重复性的冲击。舰载航空弹药在波形设为半正弦、峰值加速度 300 m/s²、持续时间为 40 ms 的条件下应能有效工作。

1.4.3 舱室储存环境

舰载航空弹药在舱室长期储存过程中，处于密封包装之中，主要受到温度、振动的影响。根据 GJB 2208—1994《舰载导弹发射最低安全要求》，对于导弹储存库，要求应设置空调设备，空调的温湿度应符合导弹长期储存的环境条件要求。

根据上面分析结果，结合国军标，可得到舰载航空弹药储存环境量值，如表 1 – 3 所示。

表 1 – 3　舰载航空弹药储存环境量值

环境事件	环境因素	量值
战备值班	温度	−38 ~ 51 ℃
	相对湿度	≤100%
	风速	≤105 m/s
	淋雨	≤31.2 mm/min
	盐雾	≤5 mg/m³
	太阳辐射	≤1 110 W/m²
	电磁	电磁频谱范围 10 kHz ~ 300 GHz，低频可扩展到 20 Hz，辐射功率峰值兆瓦级
	振动	振动频率范围 1 ~ 16 Hz，位移幅值 1 mm，振动频率范围 16 ~ 60 Hz，加速度峰值 10 m/s²
	倾斜、摇摆	纵倾 ±5°/ ±10°，横倾 ±15°，纵摇 ±10°，周期 4 ~ 10 s；横摇 ±45°，周期 3 ~ 14 s
舱室储存	温度	−10 ~ 40 ℃
	盐雾	≤2 mg/m³
	振动	振动频率范围 1 ~ 16 Hz，位移幅值 1 mm，振动频率范围 16 ~ 60 Hz，加速度峰值 10 m/s²
	倾斜、摇摆	纵倾 ±5°/ ±10°，横倾 ±15°，纵摇 ±10°，周期 4 ~ 10 s；横摇 ±45°，周期 3 ~ 14 s

第 2 章

典型环境应力影响分析

弹药在储存过程中，主要受到自然环境、诱发环境因素及复合环境因素的影响，本章主要从自然、诱发、复合三方面介绍典型环境因素对弹药可靠性的影响。

|2.1 自然环境影响分析|

弹药储存中的自然环境是最为持久、最为经常的环境影响因素,下面主要对气温、湿度、盐雾、太阳辐射四个因素进行分析。

2.1.1 气温

气温即空气的温度,是表示大气冷热程度的物理量。温度对弹药的影响可分为高温影响和低温影响,高温是指高于标准温度的一种环境,低温则相反。气温值并不是一成不变的,具有日变化的规律和特征,每天都有一个最高温度和一个最低温度,因此温度对弹药的影响是在持续变化的。工程实践表明,温度是影响弹药性能的主要因素之一。

很多材料的性能都与温度息息相关,如药剂内部化学反应的快慢、橡胶密封件的热胀冷缩等,下面从高温和低温两方面进行分析。

1. 高温影响

(1)装药的变质。高温会使硝铵炸药的吸湿点降低,使吸湿更容易,导致起爆困难;温度超过 30 ℃后,会造成硝化甘油渗出,影响化学安定性;黄磷弹高温状态容易发生漏磷自燃等。

(2)高分子材料老化。弹药中大量应用到了橡胶、黏合剂、涂料、塑料等高分子材料,在高温的作用下会导致这些材料性能下降,逐渐失效,出现塑料制品强度降低、密封性破坏、金属壳体暴露于空气中被腐蚀、连接件断开等故障现象。

（3）力学性能改变。不同材料具有不同的膨胀系数，在高温环境下，会引起产品尺寸局部或者全部改变，使相互之间的接合处发生卡死或者松动的现象。

（4）电子与光学器件的性能下降或者失效。新型弹药中应用了大量的电子器件及光学器件，这些电子与光学器件形成了弹药的制导能力、精确打击能力。电子器件绝大多数是由有机物和金属制作而成，在高温环境下会使材料的物理、化学活性大增，使可靠性下降，出现阻值变化、氧化、老化、开路、断路、键合处断裂等失效模式。

2. 低温影响

（1）低温会使水汽在壳体表面冷凝，在密封性差的弹药内部出现霜冻或者结冰现象；会使塑料、橡胶等高分子材料变脆，对振动、冲击的抗载荷能力减弱。

（2）电子器件及材料的力学性能下降，低温引起材料收缩（少数负温度系数的材料在低温下则膨胀），相互配合之间的间隙改变，使机械动作迟缓或者停止，如机械保险无法解除。

（3）降低药剂的安定性。低温环境会使部分火炸药收缩，出现裂纹或者变脆，使弹药性能下降。固体炸药（如硝酸铵）产生裂纹，使固体火药燃烧速度改变，弹药性能下降，电动机、内燃机启动困难，蓄电池容量降低、性能下降，使用寿命缩短。

（4）低温使高分子材料的机械强度降低，出现变硬、脆化等现象，使密封失效、包装破裂或者抗过载能力减弱。

（5）降低电子器件的电气性能，使电阻、电容数值变化，组成电子器件的材料在低温下会出现不同程度的形变，当达到某极限值后会出现失效。各类微电子装置、微型计算机装置、扫描装置的性能和可靠性都会在低温下有一定程度的降低。

（6）影响光学仪器的观测性能，光学器件上的橡胶变脆，与金属的结合处断裂；降低弹上电池的存储电量，影响可靠性。

2.1.2　湿度

空气湿度是指空气的潮湿程度，反映的是空气中水汽量的多少。湿度分为绝对湿度和相对湿度，绝对湿度是指单位体积空气中所含的水汽质量，相对湿度是指空气中的水汽压与同温度下饱和水汽压的百分比，一般情况下使用的都是相对湿度。湿度对弹药有多种影响机制，具体的影响效果与湿度值、持续时间有关，还跟温度、有害气体等有关。湿度也是使弹药发生性能变化的主要因素之一，很多时候湿度充当一种介质对弹药的性能下降起到促进作用，湿度过高或者过低都会影响其可靠性，弹药重要组成中的电子与光学器件更是对湿度有着严格的要求。

1. 高湿影响

（1）出现腐蚀化学反应。腐蚀分为化学腐蚀和电化学腐蚀，大多数情况下的腐蚀为电化学腐蚀。在高湿环境下，金属壳体表面会形成一层肉眼看不见的水膜，在有气体污染物的情况下会形成电化学腐蚀，腐蚀金属表面。

（2）弹药中的木制、纸制、布制等物品会在高湿环境下吸湿而膨胀变形，使其强度下降，与之接触的金属生锈、装药受潮，甚至在合适的温度下发生霉变。

（3）密封性差的弹药，在湿度高的情况下会造成内部机械部件的腐蚀，出现水凝现象，破坏机械部件的传动性，使相连接的部件之间锈蚀，运动阻力增大。

（4）高湿会促进微生物的繁殖，加速破坏密封件的密封性。

（5）电子与光学器件的焊点被腐蚀而引起断路、跳火或改变电气性能，造成器件性能下降或失灵；高温高湿循环能使电子设备及部件产生严重事故。

（6）炸药和推进剂吸湿受潮、吸湿结块，降低感度，起爆困难，性能减弱，作用可靠性下降。

（7）降低高分子材料的物理化学性能、力学性能和电性能，如材料长霉、锈蚀，电气绝缘和隔热特性变化，复合材料分层，弹性或塑性改变，吸湿材料性能降低等。

2. 低湿影响

（1）使木制、皮制、布制等物品变得易碎和不耐用，抗过载能力减弱，在运输及发射过程中容易出现事故。

（2）低湿条件下使静电荷存积，生成臭氧；促进粉尘聚集，造成绝缘击穿。

（3）使装药中本身所含溶液挥发，装药变脆，感度上升，安定性下降。

2.1.3 盐雾

盐雾是海洋环境、沿海环境和咸水湖地区的一种自然环境。盐雾是一种能促进电化学反应的电解质，当弹药在有盐雾的环境中时，盐雾会溶解在弹药表面的水膜中，金属元件会加大并加速电化学腐蚀的概率和速率，降低金属元件的力学性能和防护效果。盐雾还能促进高分子材料的老化、金属表面涂层的加速破坏。在盐雾环境的空气中含有大量的氯化物、镁离子、硫酸盐等，对弹药的储存寿命有很大的影响。盐雾环境中以海洋环境最为严酷，其次为沿海地区、咸水湖周围等。有关试验表明，金属材料处于海水中的全浸区时，腐蚀率约为 0.1 mm/天，在飞溅区的腐蚀率为 0.3~0.5 mm/天。不同海域影响也不一样。盐雾影响可参考下列方面进行分析。

（1）盐雾能在金属表面形成电化学腐蚀，并加速这一过程，对金属元件造成生锈、强度下降、性能破坏。

（2）破坏金属表面的涂层，绝缘材料受腐蚀影响其电性能，使弹药的绝缘性下降。

（3）高分子材料的老化、长霉，造成密封性失效，光学器件、电子器件、精密机械器件的性能下降。

（4）盐雾沉积形成的导电层破坏电子器件的回路，造成电子器件的短路，使电子器件被损坏。

（5）机械部件及组合件的联动部分发生黏结、卡死，使该器件损坏，无法完成规定的功能。

2.1.4　太阳辐射

太阳辐射是地球大气运动的主要能量来源，也是地球光热能的主要来源。太阳辐射的波长分布在紫外光、可见光和红外光波段，紫外光虽然很少，但对高分子材料的破坏却很大；另外，太阳辐射的热效应也会对弹药造成很大的影响，具体分析如下。

1. 紫外线辐射影响

波长在 0.28~0.4 μm 的紫外线，其光电效应可能升高金属表面电位，干扰电磁系统，降低光学器件光谱透过率，改变瓷质绝缘的介电性质，造成高分子聚合物分解、变色，力学性能下降等，降低黏合剂和密封材料性能稳定性等。

2. 太阳辐射的加热影响

太阳辐射的加热效应与被照射表面的粗糙度、颜色有关，加上太阳辐射强度的变化，设备产生过热，导致各部件膨胀和收缩的速率不同，造成危险的应力作用，主要的影响有：引起合成材料和炸药热析；破坏结构的完整性；使元件损坏，焊缝开裂，焊点脱开；联动装备工作的准确度下降，电触点过早动作，封装混合物软化。

3. 其他影响

（1）机械器件结构发生变化，引起零部件的卡死或松动；电子与光学器件焊缝和黏结件强度降低；橡胶件、塑料件产生膨胀或断裂。

（2）材料强度和弹性发生变化。

（3）连接装置准确度降低或失灵，密封完整性降低。

（4）产生热老化，使电气和电子零部件性能变化，或绝缘失效；电触点接触电阻增大，动作失常。

（5）金属氧化，表面锈蚀，涂层和其他保护层龟裂、褪色、起泡和剥落；封装化合物软化等。

|2.2 诱发环境影响分析|

GJB 4239—2001 中对诱发环境的定义为：诱发环境是指任何人为活动、平台、其他设备或设备自身产生的局部环境。对于弹药储存环境来说，主要包括振动、冲击、电磁等环境因素。

2.2.1 振动

振动是指机械或者结构系统在其平衡位置附近的往复运动，是一种准连续的振荡运动和振荡力。振动主要是由人们活动引起的一种诱发环境因素，自然环境产生的振动主要来源于地震、岩石滑动等情况，相对于人类活动产生的振动来说是很次要的。弹药在其寿命期内的装卸、搬运、运输、储存和使用过程中存在着大量的振动问题。振动是一个特殊的运动形式，振动体和振动形态不同，其表现形式也不相同。振动既可以是周期性的，也可以是随机的，运输工具不同，运输环境不同，工具与环境之间的相互作用就不同，其振幅和频率也会不同。例如，弹药在公路运输过程中，振动主要为随机振动，振动主要是由于路面不平而引起的，振动量值与行驶速度、路面好坏、载重量的大小都有关系，同时在横向、纵向和垂直三个方面上的振动量也不相同。

振动一般用速度、加速度、位移、加速度率等参数来描述，《美国工程设计手册（环境部分）》第 3 册诱发环境因素中对振动进行了详细的描述，并有大量的试验数据以供参考。振动中还有一种特殊的、运用频率非常高的现象，即共振。共振指的是系统所受激励的频率与该系统的固有频率相接近时，系统振幅显著增大的现象。在一般情况下共振是有害的，对弹药来说也是如此。共振能够增大弹药本身或者内部某器件的振幅，引起该器件结构变形，造成很大的破坏作用。防共振的措施是，使弹药的固有频率避开可能由环境引发的振动频率，或者采用减振装置。

振动对弹药的影响主要包括以下几个方面。

（1）弹药表面涂层脱落或者产生裂纹，内部机械零部件之间摩擦力增加或减少，引起传动功能的变化或者相邻部件之间的碰撞损坏。

（2）螺丝、螺母等紧固件松动、断裂等，导致弹药在发射或者分离时出现失效。

（3）电子器件之间的接触或者断开，导致电路遭到破坏；焊点、键合点的断裂，导致电子器件功能被破坏；间距小的电子器件可能短路等。

（4）密封件在振动下出现失封。

（5）机械器件或者电子器件结构变形，加速疲劳性损伤，机械零件磨损，电子元件损坏。

（6）某些装药中的混合物质在振动中分层，造成燃烧不充分。

（7）光学或电子器件上的陶瓷、环氧树脂或玻璃封装破碎引起失效，导线磨损，密封件失效，元器件失效。

2.2.2　冲击

冲击是指物体在很短的时间内发生很大的速度变化或者进行突然的能量转换。冲击是一种特殊的、非周期的振动，具有作用时间短、加速度越大冲击越大的特点。在弹药的装卸、运输、储存及使用过程中都会受到一定的冲击，如装卸时弹药与包装箱之间的相互冲击，运输时运输工具启动、变速、紧急制动、颠簸等都会产生冲击。

冲击会对整弹的功能及结构产生破坏性的影响，所受的冲击值越大、持续时间越长，对弹药造成的破坏就越大。同时，因为冲击是一种特殊的振动，因此冲击对弹药的影响与振动类似。

（1）包装、器件遭受过应力而出现变形、破坏、断裂等；

（2）内部各器件之间的碰撞、磨损、失效；

（3）内部电路电触点的断裂、接触不良；

（4）电子器件内部结构的破坏、键合点的分离造成短路；

（5）高分子材料的变形，密封件的失效等。

2.2.3　电磁

电磁环境是指一定场所内存在的所有电磁现象的总和。IEEE 给出的电磁环境定义为：一个设备、分系统或系统在完成其规定任务时可能遇到的辐射或者传到电磁发射电平在不同频段内功率与时间的分布，即存在于一个给定位置的电磁现象的总和。在弹药中含有大量的电子器件，电磁环境很容易对弹药造成损伤，如高频晶体管的击穿、半导体器件的烧蚀、金属连线的熔断、数字电路的失灵、性能参数的劣化等。相关研究表明，当电子干扰的强度超过 15 V/m 后，很多的集成电路将无法正常工作。

电磁辐射的产生包括自然和人为两种，自然环境辐射包括雷电电磁辐射、静电电磁辐射、大气层电磁场、外星空电磁辐射等，人为环境辐射包括各类电磁发射平台（电视塔、广播塔、通信导航系统等）、工业电磁辐射平台（高电压送/变电系统、大电流工频设备、电气化铁路等）、家用电器、办公设备、电动工具、军用强电磁脉冲源等。

电磁辐射对弹药的损伤主要分为以下几个方面。

（1）使电子器件被击穿、烧毁。当弹药上的电子设备受到电磁辐射后，电磁辐射会转化成大电流，引起内部接点、回路间的电击穿，造成电子器件的损坏或者瞬时失效；电子器件中的半导体受到电磁影响后，容易造成接点烧蚀、金属连线熔断等，使该器件受到不可逆的损伤。

（2）对电子器件形成干扰。当电磁辐射形成的脉冲通过耦合或感应进入电路中后，会产生干扰信号进入放大电路，使电子系统失灵或者产生虚假信号，造成误动作，无法完成规定的功能。弹药中的制导系统很容易受到电磁辐射的干扰，使弹药的导航系统工作失常或者无法工作。

（3）形成强电场效应和磁效应。电磁辐射形成的强电场能使弹药中的电路失效、敏感器件的可靠性降低，形成的强磁场能耦合到弹药中，干扰电子器件的正常工作。

2.3 复合环境影响分析

在弹药储存期内，可能遭受的各类环境事件中影响因素并不是单一的，而是两种或者多种环境因素的组合效应。但在复合环境中，并不是所有的因素都是重要的，也有主次之分，要抓住复合环境中的一个或者几个主要环境因素进行分析。如果某些环境因素出现次数少，应力强度也不高，就可以不予考虑。复合环境中各环境因素间的相互联系很大，很多因素之间的相互作用会促进某些反应的加速进行，下面进行具体分析。

（1）高温与湿度。高温会增加空气相对湿度，加速弹药表面水膜的生成，促进化学及电化学腐蚀的出现。

（2）高温与盐雾。高温会增大盐雾对弹药的腐蚀速率。

（3）高温、高湿与霉菌。前两个因素的出现会给霉菌的生长提供一个有利的环境，促进霉菌和微生物的生长，但达到 71 ℃以上时，霉菌不再生长。

（4）高温与太阳辐射。会加速高分子材料的老化分解，降低高分析材料的性能。

（5）温度与冲击和振动。这三者都影响材料的性能，共同作用会相互增强，塑料和聚合物比金属更容易受到影响，造成断裂、开路等故障。

（6）湿度与振动。湿度和振动将提高电子器件组成材料的分解速度，增大电击穿的概率。

（7）湿度与盐雾。湿度与盐雾有相互促进的作用，如改变电子器件的性能、加强电效应等。

（8）太阳辐射与振动。在振动状态下，太阳辐射加速高分子材料的变质、性能下降等。

（9）温度、湿度与振动三者的相互结合会使应力进行叠加，降低材料的自身性能，产生部件断裂、变形，电路短路、断路，涂层开裂，绝缘体绝缘失效等故障。

（10）温度、湿度与高度三者叠加在一起会导致弹药的密封失效、部件变形、破裂等问题出现。

|2.4　主要影响环境因素分析方法|

根据前面内容可知，影响弹药储存可靠性的环境因素很多，为了研究弹药复杂环境储存可靠性问题，需要找出影响弹药可靠性的主要因素。本节介绍皮尔逊和灰关联熵两种分析方法。

2.4.1　皮尔逊相关性分析法

在统计学中，计算相关系数的方法有很多，其中较为常用的是皮尔逊相关系数。皮尔逊相关系数又称皮尔逊积矩相关系数。皮尔逊相关系数在 20 世纪初就已提出，用于描述两个变量之间的线性相关程度，是一种经典的计算相关系数的方法。发展到现在，它被普遍运用到分析两个变量间联系的密切程度，并得到了各学科领域的认可。

1. 理论计算

（1）皮尔逊相关系数概述

在统计学中，皮尔逊相关系数是用于度量两个变量之间线性相关的数值，其值介于 $-1\sim1$。系数值为 1 意味着两个变量可以通过直线方程进行表示，并且二者呈正相关。系数值为 -1 意味着两个变量也可以通过直线方程进行表示，但二者呈负相关。系数绝对值越靠近 0 意味着两个变量线性相关程度越小，系数绝对值越靠近 1 意味着两个变量线性相关程度越高。

（2）相关系数的计算

假设有两个序列：$a=(a_1,a_2,\cdots,a_n)$，$b=(b_1,b_2,\cdots,b_n)$，根据统计学原理，两序列之间的相关系数可表示为

$$r(a,b)=\frac{\mathrm{cov}(a,b)}{\sqrt{D(a)D(b)}}=\frac{\sum\limits_{i=1}^{n}(a_i-\overline{a})(b_i-\overline{b})}{\sqrt{\sum\limits_{i=1}^{n}(a_i-\overline{a})^2\sum\limits_{i=1}^{n}(b_i-\overline{b})^2}} \qquad (2.1)$$

式中，$\overline{a}$、$\overline{b}$ 分别为两个序列平均值；n 为两序列的样本个数。

相关系数 r 的取值范围为 $-1\leqslant r\leqslant1$，r 的各种取值意义为：$0\leqslant r\leqslant1$，序列 a 和 b 之间呈正相关；$-1\leqslant r\leqslant0$，序列 a 和 b 之间呈负相关；$|r|\geqslant0.8$，序列 a 和 b 之间呈高度相关；$0.5\leqslant|r|\leqslant0.8$，序列 a 和 b 之间呈中度相关；$0.3\leqslant|r|<0.5$，序列 a 和 b 之间呈低度相关；$|r|<0.3$，序列 a 和 b 关系极弱，认为不相关。

（3）相关系数的检验

在实际的分析研究中，由于受到样本容量影响，计算得出的结果可能存在随机性，为了保证结论的准确性，需要对得出的结果进行 t 检验。

1）计算相关系数 r 的 t 值：

$$t=\frac{r}{\sqrt{\dfrac{1-r^2}{n-2}}} \qquad (2.2)$$

2）根据给定的显著性水平和自由度（$n-2$），查找 t 分布表中相应的临界值 $t_{a/2}$（或 p 值）。若 $|t|>t_{a/2}$（或 $p<a$），表明 r 在统计上是显著的；若 $|t|<t_{a/2}$（或 $p\geqslant a$），表明 r 在统计上是不显著的。

由于变量的单位不同，需要对数据进行处理来消除量纲，以保证结论的准

确性。可采用区间值变换进行数据标准化。

2. 基于 SPSS 软件分析步骤

在众多的统计分析软件中，SPSS（统计产品与服务解决方案）首次采用图形菜单驱动界面，同 Windows 其他软件的操作界面基本相同，所以操作界面对用户来说十分友好。同时，用户的使用门槛比较低，只要会操作软件即可。如果要利用它来为科研工作服务，用户在掌握统计分析理论后，通过简单的熟悉操作就可以完成数据分析任务。SPSS 与 Excel 类似，都利用表格来对数据进行呈现和处理。另外，它的数据接口与其他软件相通，不同的用户可以从各自的数据库将数据直接输入到 SPSS。同时，SPSS 自带绘图工具，可以很好满足用户的画图需要。

SPSS 集成多种分析功能，包括聚类分析、回归分析、相关分析、生存分析、时间序列分析等。下面介绍基于 SPSS 软件的皮尔逊相关分析步骤。

（1）数据标准化处理

由于变量的单位不同，需要对数据进行处理来消除量纲，以保证结论的准确性。可采用区间值变换法进行数据标准化，设有序列 $X = (x_1, x_2, \cdots, x_n)$，则

$$f(x(k)) = \frac{x(k) - \min_k x(k)}{\max_k x(k) - \min_k x(k)} = y(k) \tag{2.3}$$

式中，f 为区间值变换。

（2）数据输入及设置

将标准化数据输入 SPSS 软件，形成数据表格，设置数据的各项参数，如图 2 - 1 所示。

	名称	类型	宽度	小数位数	标签	值	缺失	列	对齐	测量	角色
1	地点	字符串	8	0		无	无	9	左	名义	输入
2	平均温度	数字	8	2		无	无	12	右	标度	输入
3	平均相对湿度	数字	8	2		无	无	12	右	标度	输入
4	降水量	数字	8	1		无	无	12	右	标度	输入
5	连续法NO2	数字	8	4	连续法NO2(mg/...	无	无	12	右	标度	输入
6	连续法H2S	数字	8	4	连续法H2S(mg/...	无	无	12	右	标度	输入
7	连续法NH3	数字	8	4	连续法NH3(mg/...	无	无	12	右	标度	输入
8	腐蚀失厚率	数字	8	2		无	无	8	右	标度	输入

图 2 - 1　数据输入及设置

（3）算法设置

利用软件的分析功能，将分析方法设置为相关分析，具体是双变量相关性分析，相关系数采用皮尔逊相关系数，显著性检验采用双尾，如图 2 - 2 和图 2 - 3 所示。

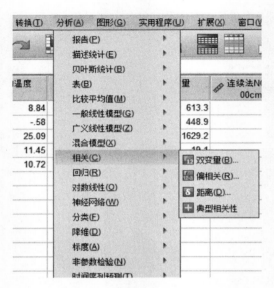

图 2 - 2　相关分析

图 2 - 3　算法设置

（4）分析结果

通过软件计算，对数据结果进行统计学分析，如图 2 - 4 所示。

		报废数量	气温大于30°C的天数	年均降水量	年均盐雾浓度	年均辐射总量	年均相对湿度
报废数量	皮尔逊相关性	1	.518	-.395	.873*	-.106	-.078
	Sig.（双尾）		.293	.438	.023	.841	.883
	个案数	6	6	6	6	6	6
气温大于30°C的天数	皮尔逊相关性	.518	1	-.594	.571	.519	.522
	Sig.（双尾）	.293		.214	.237	.291	.288
	个案数	6	6	6	6	6	6
年均降水量	皮尔逊相关性	-.395	-.594	1	-.333	-.679	.223
	Sig.（双尾）	.438	.214		.519	.138	.671
	个案数	6	6	6	6	6	6
年均盐雾浓度	皮尔逊相关性	.873*	.571	-.333	1	.189	.024
	Sig.（双尾）	.023	.237	.519		.719	.964
	个案数	6	6	6	6	6	6
年均辐射总量	皮尔逊相关性	-.106	.519	-.679	.189	1	.068
	Sig.（双尾）	.841	.291	.138	.719		.898
	个案数	6	6	6	6	6	6
年均相对湿度	皮尔逊相关性	-.078	.522	.223	.024	.068	1
	Sig.（双尾）	.883	.288	.671	.964	.898	
	个案数	6	6	6	6	6	6

图 2-4　分析结果

3．算例分析

下面以海洋环境对弹药可靠性有直接影响的若干环境因素为例，以某海岛仓库年度轮换弹药报废数量作为参考，进行皮尔逊相关性分析。

（1）构造样本空间

设弹药报废数量为参考序列 X_0、气温高于 30 ℃ 的天数 X_1、年均降水量 X_2、年均盐雾浓度 X_3、年均辐射总量 X_4、年均相对湿度 X_5。各序列表示如下：

$$\begin{cases} \{X_0(k)\} = \{X_0(1),X_0(2),X_0(3),X_0(4),X_0(5),X_0(6)\} \\ \{X_1(k)\} = \{X_1(1),X_1(2),X_1(3),X_1(4),X_1(5),X_1(6)\} \\ \{X_2(k)\} = \{X_2(1),X_2(2),X_2(3),X_2(4),X_2(5),X_2(6)\} \\ \{X_3(k)\} = \{X_3(1),X_3(2),X_3(3),X_3(4),X_3(5),X_3(6)\} \\ \{X_4(k)\} = \{X_4(1),X_4(2),X_4(3),X_4(4),X_4(5),X_4(6)\} \\ \{X_5(k)\} = \{X_5(1),X_5(2),X_5(3),X_5(4),X_5(5),X_5(6)\} \end{cases}$$

具体数据如表 2-1 所示。

表 2-1　某海岛环境数据

年份　变量	2011	2012	2013	2014	2015	2016
报废弹药/发	52	27	33	18	30	21
气温高于 30 ℃ 的天数/天	150.8	145.6	156.6	139.8	153.6	148.6

续表

年份 变量	2011	2012	2013	2014	2015	2016
年均降水量/mm	1 900.5	2 000.6	1 899.8	1 950.8	1 800.6	1 995.6
年均盐雾浓度/(mg·m^{-3})	0.158 9	0.078 9	0.127 5	0.086 0	0.099 8	0.105 0
年均辐射总量/(MJ·m^{-2})	4 498.02	4 353.28	4 664.13	4 568.25	4 698.15	4 589.68
年均相对湿度/%	74	79	80	68	77	85

（2）数据标准化处理

采用区间值变换，标准化处理后的数据如表 2 – 2 所示。

表 2 – 2　标准化处理后的数据

年份 变量	2011	2012	2013	2014	2015	2016
$X_0(1)$	1	0.265	0.441	0	0.353	0.088
$X_1(1)$	0.655	0.345	1	0	0.821	0.524
$X_2(1)$	0.5	1	0.496	0.751	0	0.975
$X_3(1)$	1	0	0.608	0.089	0.261	0.326
$X_4(1)$	0.420	0	0.901	0.623	1	0.685
$X_5(1)$	0.353	0.647	0.706	0.873 4	0	0.529

（3）求解相关系数

把数据输入 SPSS 软件形成表格，如图 2 – 5 所示。进行相关性分析并设置好需要分析的变量，如图 2 – 6 所示。分析结果如图 2 – 7 所示。以报废弹药数量为目标参数进行整理，结果如表 2 – 4 所示（sig < 0.01，为相关性高度显著；0.01 < sig < 0.05，为相关性显著）。

（4）结论

从表 2 – 3 可以得出各影响因素与目标参数的相关性排序为 $X_3 > X_1 > X_2 > X_4 > X_5$。

序号	报废数量	气温高于30℃的天数	年均降水量	年均盐雾浓度	年均辐射总量	年均相对湿度
1	1.000	0.655	0.500	1.000	0.420	0.353
2	0.265	0.345	1.000	0.000	0.000	0.647
3	0.441	1.000	0.496	0.608	0.901	0.706
4	0.000	0.000	0.751	0.089	0.623	0.000
5	0.353	0.821	0.000	0.261	1.000	0.529
6	0.088	0.524	0.975	0.326	0.685	1.000

图 2-5　数据输入

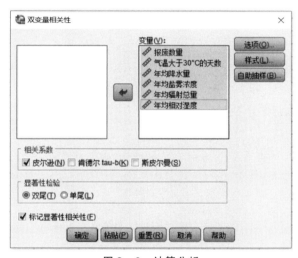

图 2-6　计算分析

相关性

		报废数量	气温高于30℃的天数	年均降水量	年均盐雾浓度	年均辐射总量	年均相对湿度
报废数量	皮尔逊相关性	1	0.518	0.395	0.873*	0.106	0.078
	sig.（双尾）		0.293	0.438	0.023	0.841	0.883
	个案数	6	6	6	6	6	6

图 2-7　相关系数分析图

表 2 – 3　各参数间的皮尔逊相关系数

参数 \ 因素		气温高于30 ℃的天数	年均降水量	年均盐雾浓度	年均辐射总量	年均相对湿度
报废弹药数量	皮尔逊相关系数	0.518	– 0.395	0.873	– 0.106	– 0.078
	sig（双尾）	0.293	0.438	0.023	0.841	0.883
	样本数	6	6	6	6	6

分析表 2 – 3 的结果，报废弹药数量与盐雾浓度线性关系高度相关且相关性显著；报废弹药数量与气温高于 30 ℃ 的天数线性关系中度相关，相关性不显著；报废弹药数量与降水量线性关系低度相关，相关性不显著；报废弹药数量与辐射总量和相对湿度不存在线性相关。

通过结果可以看到，除了盐雾浓度与报废弹药数量线性关系显著，其他因素与报废弹药数量的线性关系均不显著，所以盐雾浓度为影响此例中弹药储存可靠性的主要因素。

2.4.2　灰关联熵分析法

1. 灰关联熵原理

灰色系统理论是一种研究少数据、贫信息不确定性问题的新方法。该理论以"部分信息已知，部分信息未知"的"小样本""贫信息"不确定性系统为研究对象，主要通过对"部分"已知信息的生成，开发提取有价值的信息，实现对系统运行行为、演化规律的正确描述和有效监控。灰关联系数是指在灰关联差异信息空间中点与点之间的比较测度，即各个比较曲线与参考曲线在各点的差值。灰色关联的基本思想是根据序列曲线与几何形状的相似程度来判断其联系是否紧密。曲线越接近，相应序列之间的关联度就越大，反之越小。

关联度计算如下：设已知参考序列 $X_0 = [x_0(1), x_0(2), \cdots, x_0(n)]$，比较序列 $X_i = [x_i(1), x_i(2), \cdots, x_i(n)]$，$i = (1, 2, \cdots, m)$。则已知参考序列 X_0，关于比较序列 X_i 在第 $k(k = 1, 2, \cdots, m)$ 个变量灰关联系数为

$$r_i[x_0(k), x_i(k)] = \left| \frac{\min_i \min_k |x_0(k) - x_i(k)| + \rho \max_i \max_k |x_0(k) - x_i(k)|}{|x_0(k) - x_i(k)| + |\rho \max_i \max_k |x_0(k) - x_i(k)|} \right|$$

(2.4)

式中，ρ 为分辨系数（$0 < \rho < 1$）；$|x_0(k) - x_i(k)|$ 为第 k 个变量、第 i 个比较单元与参考单元对应项差的绝对值；$\min_i \min_k |x_0(k) - x_i(k)|$ 为两级最小差；$\max_i \max_k |x_0(k) - x_i(k)|$ 为两级最大差。

灰关联熵分析是在灰关联分析的基础上发展而来的方法。灰关联熵分析将参考因素和比较因素的数据序列的关联程度用"熵"的方法进行定量分析，用熵关联度表示参考序列与比较序列的相关程度。灰关联熵是离散序列均衡程度的测度，灰关联熵越大，说明序列越均衡。信息不完全的序列为灰内涵序列，设灰内涵序列 $X = \{x_1, x_2, \cdots, x_n\}$，要求 $x_j \geq 0$，而且 $\sum x_j = 1$。序列 X 的灰关联熵为

$$H = -\sum_{j=1}^{n} x_j \cdot \ln x_j \tag{2.5}$$

为了使之前获得的灰关联系数满足灰关联熵要求，即同一个序列内所有元素之和为 1，进行灰关联系数分布映射：$R_i \rightarrow P_i$，$P_i(k)$ 可定义为

$$P_i(k) = \frac{r_i[x_0(k), x_i(k)]}{\sum_{k=1}^{n} r_i[x_0(k), x_i(k)]} \tag{2.6}$$

式中，映射值 $P_i(k)$ 为比较序列 X_i 与参考序列 X_0 在 k 点的关联密度值，$P_i(k) \geq 0$，且 $\sum_{k=1}^{n} p_i(k) = 1$。

比较序列 X_i 的灰关联熵为

$$H_i = -\sum_{k=1}^{n} [p_i(k) \cdot \ln p_i(k)] \tag{2.7}$$

灰关联熵 H_i 越大，比较序列 X_i 与参考序列 X_0 之间的关联度越大。

比较序列 X_i 的灰关联度为

$$E_i = \frac{H_i}{H_{\max}} \tag{2.8}$$

灰关联熵 E_i 越大，比较序列 X_1 与参考序列 X_0 之间的关联度越大。

灰关联熵的极值函数公式：

$H(X_j) = -\sum_{i=1}^{n} x_i \ln x_i$，条件 $\sum_{i=1}^{n} x_i = 1$，由拉格朗日极值算法求解函数极值，构造函数

$$L = -\sum_{j=1}^{n} x_j \ln x_j + \lambda \left(\sum_{j=1}^{n} x_j - 1 \right)$$

令偏导数为 0，$-1 - \ln(x_j) + \lambda = 0$（$j = 1, 2, 3, \cdots, n$）。即 $x_j = e^{(\lambda - 1)}$，又因 $\sum x_j - 1 = 0$，$x_j = 1/n$（$j = 1, 2, 3, \cdots, n$）。

因此，灰关联熵最大值为

$$H_m = -n \cdot \frac{1}{n} \ln n = \ln n$$

所以，灰关联熵在各属性值相等时获得最大值，且与数列 X 的属性值 x_j 无关，只与属性元素的个数有关。

由拉格朗日极值算法可以求出，当 x_1，x_2，$\cdots$，x_n 相等时，函数 $H(X_j)$ 为最大值。所以，灰关联熵内含序列内部数值越均等，就越接近最大值，从而减小了由于个别因素的数值较大对结果产生的影响。

灰关联熵是在灰度关联的基础上继续发展的一个理论，灰度关联是在求取关联度之后，直接求取平均值，这就必然带来了以下缺点：一是在各点关联系数分布离散的情况下，由点关联系数值大的点决定总体关联程度的倾向；二是平均值掩盖了许多点关联系数的个性，没有充分利用由点关联系数提供的丰富信息。例如，采用加权平均则需逐点确定权系数，无论采用什么方法确定权重，总是会掺入一定的主观因素。灰关联熵是在求取每个因素的关联度之后，为了弥补灰度关联的缺点，继续求取熵关联度的方法。

2. 灰关联熵通用分析程序设计

在灰关联熵分析原理基础上，可通过 Matlab 软件建立灰关联熵数学模型，思路如图 2 - 8 所示。

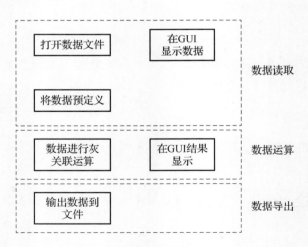

图 2 - 8　编程思路

编程主要分为三个部分：数据读取、数据运算、数据导出。数据读取主要为 Excel 文件，在图形用户界面（GUI）编程中，读取到的数据都只存在于当前语段中并不会全局共用，于是通过使用 setdata 语句对数据进行预定义。在数据运算中通过 getdata 函数读取预定义的函数。由于矩阵中带有中文字符，无法进行运算。首先将矩阵中的中文字符也就是元素的名称显示在 GUI 中因素一栏中；然后将灰关联熵的运算结果显示在右侧灰关联熵一栏中。在数据输出中，可将运算结果输出到任意 Excel 中。

其 GUI 模型如图 2 - 9 所示。此 GUI 模型可以读取 Excel 文件中的数据，同时可将计算出的数据导出至 Excel 中，操作简单方便。

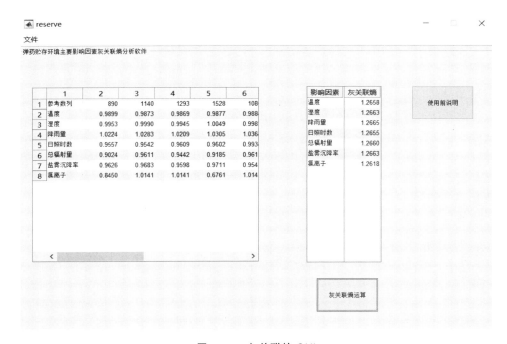

图 2 - 9　灰关联熵 GUI

3. 算例分析

同样以某海岛仓库年度轮换弹药报废数量为例（表 2 - 2），求解灰关联熵排序为：$H_3 > H_2 > H_1 > H_4 > H_5$。

通过上述灰关联熵分析，以年度轮换弹药报废数量为参考，可见年均盐雾浓度对弹药可靠性影响最大，其次分别是年均降水量，气温高于 30 ℃ 的天数，年均辐射总量，年均相对湿度。

2.4.3 两种方法对比分析

1. 结论的对比

经过上述研究分析，得出以下两种结论。

运用 SPSS 软件的皮尔逊相关性分析法的结果为盐雾浓度 > 气温高于 30 ℃ 的天数 > 降水量 > 辐射总量 > 相对湿度。

运用灰关联熵分析法的结果为盐雾浓度 > 降水量 > 气温高于 30 ℃ 的天数 > 辐射总量 > 相对湿度。

通过排序对比可以看到，两个排序中盐雾浓度都为主要因素，降水量和气温高于 30 ℃ 的天数的排序不同，但影响程度都位列前三项，辐射总量和相对湿度排序相同。

虽然结果相似度较高，但仔细研究 SPSS 软件相关分析得到的数据，可以发现 5 个因素只有盐雾浓度与报废弹药数量呈现显著的线性关系，说明 SPSS 软件相关分析在研究弹药可靠性与影响因素之间比较复杂的关系时，还存在一定缺陷，它主要还是用于研究变量间的线性相关。而对与弹药可靠性不存在线性相关的环境因素研究时，灰关联熵方法更具优势，它可以分析系统中因素间的模糊关系，并根据灰关联熵值的大小来衡量关联程度，适用范围更广。

存在以上差异的原因在于，两种方法虽然都是分析变量之间的关系，但是皮尔逊相关性分析法中的相关系数是一个经典的统计量，单纯反映两个变量间的线性关系；灰关联熵是我国学者在 1996 年从灰关联度改进的一种新的反映系统中变量间变化态势的量，可以分析更为复杂的关系。另外，两者在计算方法上存在较大差异，所求参数的性质也存在差异，导致对同一组数据分析时会出现结果排序上的不同。虽然如此，两者结果排序的相似度极高，找出的主要因素相同，并且与客观事实相符，所以两者的结论均具有一定的参考价值。

2. 方法的对比

对两种分析方法进行对比，得出表 2 - 4。从表 2 - 4 可以看到，两者计算方法存在较大差异，并且二者的参数性质也不同。在分析对象上，SPSS 软件相关分析研究的对象主要是连续型变量，适用范围相对较窄；灰关联熵则是系统中的变量，对其连续性不做要求。在关系上，皮尔逊相关性分析变量间的线性关系，灰关联熵可以分析系统中变量间较复杂的关系，两者对参数的衡量标准上也存在差异。

表 2-4　方法对比

方法	说明	分析对象	分析关系	所求参数	计算方法
SPSS软件相关分析	皮尔逊相关分析主要是分析两个变量之间的线性相关程度	连续型变量	变量的线性关系	皮尔逊相关系数（其值为 -1~1）	$r(a,b) = \dfrac{\text{cov}(a,b)}{\sqrt{D(a)D(b)}} = \dfrac{\sum\limits_{i=1}^{n}(a_i - \bar{a})(b_i - \bar{b})}{\sqrt{\sum\limits_{i=1}^{n}(a_i - \bar{a})^2 \sum\limits_{i=1}^{n}(b_i - \bar{b})^2}}$
灰关联熵分析	灰关联熵分析是将比较因素参考因素的数据序列的关联程度用"熵"的方法反映关联程度	系统中的比较因素与参考因素	系统中变量间的复杂关系	灰关联熵（其值具有非负性、极值性、对称性）	$r_i\left[x_0(k), x_i(k)\right] = \dfrac{\left\|\min_i \min_k \|x_0(k) - x_i(k)\| + \rho_{\max_i} \max_k \|x_0(k) - x_i(k)\|\right\|}{\left\|x_0(k) - x_i(k)\| + \rho_{\max_i} \max_k \|x_0(k) - x_i(k)\|\right\|}$ $H = -\sum\limits_{j=1}^{n}(x_j \cdot \ln x_j)$

第 3 章

弹药薄弱件可靠性分析方法

弹药储存可靠性由于缺少先验信息难以确定，如果展开整弹储存可靠性试验研究，将会耗费大量的人力物力财力。在此背景下，可基于故障树分析方法，得到弹药的典型薄弱件，根据薄弱件的可靠性数据来对整弹的储存可靠性进行评估。

|3.1 故障树分析方法介绍|

故障树形似倒立的树，是用来描述某种故障发生的因果关系的树形图。故障树分析方法能够将弹药在储存过程中发生的某种失效与导致该失效的原因联系起来，得到各个失效原因与失效的逻辑关系，通过对该逻辑关系进行分析，可以找到发生失效的主要原因，能够实现预防失效发生的目的。

3.1.1 故障树的建立

故障树是用一些具有专门含义的符号组成的，包括事件符号、逻辑门符号和转移符号等，如图 3 - 1 所示。

在故障树中，每个节点都表示一个事件，包括基本事件、结果事件和特殊事件等。在故障树的顶点表示系统的故障，称为故障树的顶事件，如弹药的失效；在故障树的底端节点表示故障发生的原因事件，称为基本事件，如薄弱件的失效；在故障树的中间节点表示由基本事件促成的结果事件，称为中间事件，如部件的失效。

在故障树中，连接各事件并表示其逻辑关系的符号是逻辑门，包括与门、或门、条件与门、条件或门、限制门等。若多个薄弱件同时失效才能导致结果事件，则用与门；若多个薄弱件中任何一个失效就能导致结果事件，则用或门。

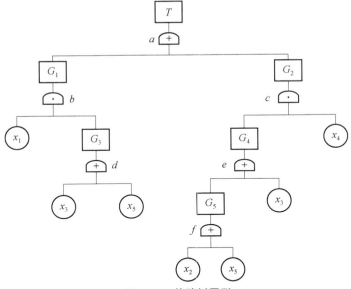

图 3-1　故障树图形

3.1.2　故障树分析的基本步骤

故障树分析过程大致可分为以下 7 个步骤。

（1）熟悉弹药。熟悉弹药情况是编制和分析故障树的基础和依据。确立要分析的弹药种类，了解其结构组成、功能原理、包装情况、储存环境等。

（2）调查弹药发生过的失效情况。针对该种弹药，收集过去发生过的弹药失效情况，包括环境、包装、数量、失效元部件等情况，还要收集同类弹药、电子元器件的失效、储存寿命等情况，分析该种弹药在指定储存环境下可能发生的失效情况。

（3）确立顶事件。对所调查的事件，按照失效发生的概率情况，确立易于发生且后果严重的失效作为故障树分析的顶事件，包括弹药失效、电子元器件失效等。

（4）调查事故的原因事件。调查与顶事件有关的所有原因事件，根据弹药的结构组成、功能原理，一层一层地、深入地进行调查分析。

（5）编制故障树图。故障树图的编制过程是一个严格的逻辑推理过程：首先将顶事件写在第一行，再列出构成这一事件的各种直接原因作为中间事件列在第二行，并按其相互关系用相应的逻辑门与顶事件连接起来；然后把构成中间事件的各种直接原因事件写在第三行，依次进行分析，从而形成一个倒挂的故障树。

（6）故障树定性分析。按故障树结构列出数学表达式，利用布尔代数进行化简，可求取最小割集或最小径集，确立各基本事件的结构重要度。根据定性分析结果，可确立容易失效的薄弱件。

（7）故障树定量分析。根据引起失效的各基本事件的发生概率，可以计算故障树顶事件发生的概率，计算各基本事件的概率重要度和关键重要度。

3.1.3 典型弹药故障树

弹药在舰船上的服役环境主要为舱室储存和甲板存放。甲板存放时，受到温度、湿度、盐雾等环境影响，弹体容易发生腐蚀；同时，因为弹体密封性良好，其内部敏感电子元器件并不会与外界环境直接进行接触，敏感部件主要受到温度、振动影响。舱室储存时，由于包装密封良好，敏感元部件主要受到温度、振动影响。例如，一种舰载制导弹药简化故障树，如图 3 - 2 所示。

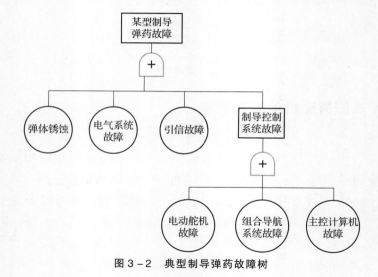

图 3 - 2　典型制导弹药故障树

1. 弹体结构

弹药舱体、舵面、尾翼通常为喷涂"三防"漆的合金材料，弹体表面装有经过镀层处理的螺钉标准件。"三防"漆、合金钢钉在甲板存放过程中，可能会受到湿热、盐雾影响，出现脱落锈蚀的现象，因此是薄弱件。弹体故障树如图 3 - 3 所示。

2. 电气系统

电气系统主要由电子元器件及热电池组成，热电池和电子元器件是其薄弱件，其故障树如图 3 - 4 所示。

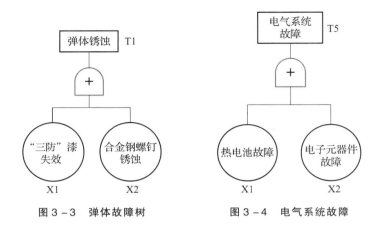

图 3-3　弹体故障树　　　　　图 3-4　电气系统故障

3. 引信

引信在长期储存过程中，主要产生性能改变的零部件有火工品、橡胶密封件、电子元器件以及灌封胶。这几种零部件是影响引信使用寿命的薄弱件，其故障树如图 3-5 所示。

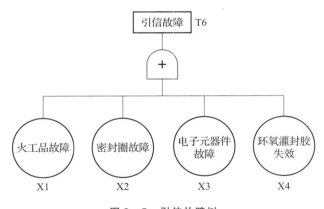

图 3-5　引信故障树

针对前面分析结果，可知该类型弹药的薄弱件主要是"三防"漆、标准件、加速度计、电雷管、热电池、弹簧、橡胶密封圈、环氧灌封材料、电子元器件、热电池等。

4. 电动舵机

电动舵机主要由舵机、功率放大器和扭压弹簧组成。功率放大器主要由壳体、电子元器件、环氧灌封材料等组成。在储存过程中，舵机结构件、环氧灌封材料、电子元器件和扭压弹簧是薄弱环节。电动舵机故障树如图 3 – 6 所示。

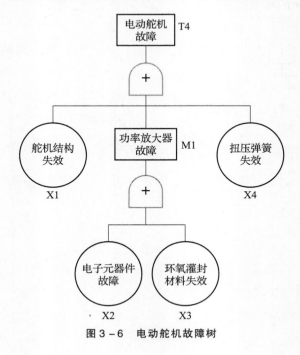

图 3 – 6　电动舵机故障树

5. 组合导航系统

组合导航系统主要由光纤陀螺、加速度计及箱体等组成，陀螺仪和加速度计是惯性制导装置的核心传感器，其失效的主要模式有无导航数据输出或导航数据误差大于规定值。组合导航系统在舰载储存过程中会受到温度、振动影响，其故障树如图 3 – 7 所示。

6. 主控计算机

主控计算机作为整弹的处理中心，遥控并接收来自全弹的各种信号。主控计算机的电子元器件主要由继电器、电阻、电容组成，它们位于密封的主控机箱内，同时机箱盖板与机箱壁之间加填密封圈。在长期储存过程中，密封圈会老化变质，从而导致密封性能降低，主控机内部环境与外部环境隔绝状态消失，容易遭受外界环境因素影响；电子元器件可能出现参数漂移、功能失效问题；继电器、电子元器件、密封圈以及电连接器是其薄弱件。主控计算机故障树如图 3 – 8 所示。

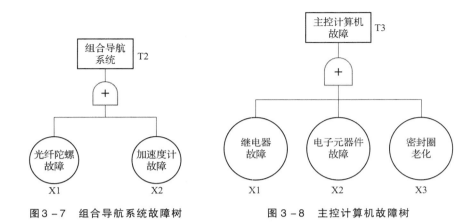

图 3-7　组合导航系统故障树　　　　　图 3-8　主控计算机故障树

|3.2　试验样本量确定方法|

在进行部件试验和全弹试验时，采用传统方法消耗样本量较大，造成试验成本过高。针对此问题，可在确定试验样本量时引入 Bayes 方法，采用小样本进行试验。

3.2.1　Bayes 方法的基本思想

Bayes 方法不同于经典统计方法的地方在于它在保证决策风险尽可能小的情况下，不仅使用现场试验信息，还充分利用之前的信息，即先验信息。

简单来说，Bayes 方法就是运用 Bayes 条件概率的公式解决试验统计中问题的数学方法。Bayes 方法认为任意一个未知量都可以看作随机变量，可以通过概率分布去描述，即 "先验分布"，先验分布一般根据历史资料和经验信息等进行确定。根据先验分布和试验数据推导出 "后验分布"，进而通过后验分布得到可靠性指标的 Bayes 推断，包括点估计和区间估计。

具体地讲，设 X 是某随机变量，θ 是未知分布参数，对 X 进行观测，得到观测值 x。如果在试验之前已知 θ 的先验概率密度函数为 $\pi(\theta)$，后验密度函数用 $\pi(\theta/x)$ 表示，则 Bayes 公式可写为

$$\pi(\theta/x) = \frac{\pi(\theta)P\{x/\theta\}}{\int_{\Theta} \pi(\theta)P\{x/\theta\}\,\mathrm{d}\theta} \tag{3.1}$$

式中，$P\{x/\theta\}$ 为给定 θ 下 X 的条件概率密度函数；Θ 为参数集。

n 次试验后，获得子样 $X = (X_1, X_2 \cdots, X_n)$，即可获得 θ 在给定 X 下的条件分布，即后验分布。由 Bayes 公式，θ 的后验分布密度为

$$\pi(\theta/X) = \frac{\pi(\theta)P\{X/\theta\}}{\int_\Theta \pi(\theta)P\{X/\theta\}\,\mathrm{d}\theta} \tag{3.2}$$

式中，$P\{X/\theta\}$ 为给定 θ 下的联合概率密度函数。

试验后关于 θ 的信息全部包含在 $\pi(\theta/X)$ 中。Bayes 估计就是从 $\pi(\theta/X)$ 出发做出 θ 的统计推断。

3.2.2 先验信息的获取

使用 Bayes 方法的关键在于获取先验信息进而确定先验分布。对于弹药及其薄弱件，获取先验信息的方法主要有以下几种。

（1）仿真试验信息。利用计算机建立可靠性模型进行数值模拟，获取大量的仿真信息。此方法的关键在于尽可能地模拟真实情况，突出主要因素，建立符合实际的模型。

（2）单元试验信息。弹药系统可靠性由于现场试验数据较少而难以进行评估，利用单元试验信息可弥补系统试验数据的不足。

（3）相似系统试验信息。同类弹药具有一定的继承性和相似性，当评估一种弹药可靠性时，在一定条件下，可以利用相近型号中已进行过可靠性评估的弹药获取先验信息。

（4）专家经验信息。多名专家对弹药进行可靠性评估，其结果具有主观性，却是一种重要的先验信息获取手段。

3.2.3 先验信息的检验

只有当先验信息与现场试验数据近似服从同一总体时，在进行可靠性评估时才能使用先验信息，所以获得先验信息后，必须对其进行相容性检验，并给出可信度便于 Bayes 统计分析。先验信息的可信度是指先验数据和现场试验数据来源于同一总体的概率，一般通过先验数据和现场数据进行相容性检验后获得。由于现场试验数据较少，一般只给出可信度的近似解。

假设某参数试验前有 m 个先验信息服从正态分布：

$$S_1^{(0)}, \cdots, S_m^{(0)} \sim N(\bar{S}_m^{(0)}, \sigma^2) \sim \pi(S) \tag{3.3}$$

式中，

$$\bar{S}_m^{(0)} = \frac{1}{m}\sum_{i=1}^{m} S_i^{(0)} \tag{3.4}$$

现场试验得到参数的 $n(n<m)$ 个测量值为 S_1，S_2，$\cdots$，S_n，式中，

$$\overline{S}_n = \frac{1}{n} \sum_{i=1}^{n} S_i \tag{3.5}$$

将先验试验样本（$S_1^{(0)}, S_2^{(2)}, \cdots, S_m^{(0)}$）与现场试验样本（$S_1$，$S_2$，$\cdots$，$S_n$）进行比较，判断其是否相容。按照上述假设，某参数服从正态分布，则可以将相容性检验转化为参数期望检验。

检验假设如下：

H_0：先验试验样本（$S_1^{(0)}$，$S_2^{(0)}$，$\cdots$，$S_m^{(0)}$）总体均值期望与现场试验样本（S_1，S_2，$\cdots$，S_n）总体均值相等；

H_1：先验试验样本（$S_1^{(0)}$，$S_2^{(0)}$，$\cdots$，$S_m^{(0)}$）总体均值期望与现场试验样本（S_1，S_2，$\cdots$，S_n）总体均值不相等。

$\overline{S}_m^{(0)}$ 和 $\overline{S}_n$ 可分别表示为

$$\overline{S}_m^{(0)} \sim N\left(\mu^{(0)}, \frac{\sigma^2}{m}\right) \tag{3.6}$$

$$\overline{S}_n \sim N\left(\mu, \frac{\sigma^2}{n}\right) \tag{3.7}$$

于是，相容性检验转化为数理统计假设检验问题：

$$H_0 : \mu - \mu^{(0)} = 0 \tag{3.8}$$

$$H_1 : \mu - \mu^{(0)} \neq 0 \tag{3.9}$$

假设第 I 类错误的概率为 α，则

$$P\left\{ -u_{\frac{\alpha}{2}} \leqslant \frac{\overline{S}_n - \overline{S}_m^{(0)}}{\left(\sqrt{\frac{1}{n} + \frac{1}{m}}\right)\sigma} \leqslant u_{\frac{\alpha}{2}} \,\middle|\, H_0 \right\} = 1 - \alpha \tag{3.10}$$

式中，$u_{\frac{\alpha}{2}}$ 为标准正态分布的分位数，可以查表得到。

$$-\left(\sqrt{\frac{1}{n} + \frac{1}{m}}\right)\sigma u_{\frac{\alpha}{2}} \leqslant \overline{S}_n - \overline{S}_m^{(0)} \leqslant \left(\sqrt{\frac{1}{n} + \frac{1}{m}}\right)\sigma u_{\frac{\alpha}{2}} \tag{3.11}$$

当时，接受假设 H_0，即认为两个样本在检验水平 α 下相容，否则拒绝假设 H_0，认为两个样本不相容。

可信度的定义为 $P(H_0 | 接受 H_0)$。根据 Bayes 公式，可得

$$P(H_0 | 接受 H_0) = \frac{P(H_0)P(接受 H_0 | H_0)}{P(H_0)P(接受 H_0 | H_0) + P(H_1)P(接受 H_0 | H_1)} = \frac{1}{1 + \dfrac{P(H_1)}{P(H_0)}\dfrac{\beta}{\alpha}} \tag{3.12}$$

式中，$P(接受 H_0 | H_0) = 1 - \alpha$；$P(接受 H_0 | H_1) = \beta$。

$P(H_0)$ 与 $P(H_1) = 1 - P(H_0)$ 为先验可信度，$P(H_0 | 接受 H_0)$ 为后验可信度。

3.2.4 试验样本量确定算例

切割器是子母弹的组成部件之一，其主要作用是在开伞过程中延期切断束伞绳。切割器由于结构复杂，造价相对较高，传统高温储存试验样本消耗量大，难以适用。因此，在确定切割器高温储存试验样本量时，可引入 Bayes 方法。

1. 无信息先验分布的确定方法

某型切割器是新型器件，缺乏先验信息，其先验分布属于无信息先验分布。由于切割器高温储存试验是成败型试验，试验总体服从二项分布，使用共轭先验 $B(a,b)$ 作为其分布参数 R（成功率）的先验分布，其密度函数为

$$\pi(R) = \frac{\Gamma(a+b)}{\Gamma(a)\Gamma(b)} R^{a-1} (1-R)^{b-1}, 0 \leqslant R \leqslant 1 \qquad (3.13)$$

式中，a、b 为先验分布的超参数。

常用于二项分布的判定准则主要有 Bayes 假设、Reformulation 方法、Jeffreys 准则等，它们从不同的观点和角度出发，目前都得到了大量的应用。以下对这些判定准则进行具体阐述。

（1）Bayes 假设

Bayes 认为未知参数在其取值范围内具有等可能性，即认为如果未知参数是离散型随机变量，则假设其取值概率相等；如果未知参数是连续型随机变量，则假设其服从某一区间上的均匀分布。二项分布未知参数 R 的取值范围为 $[0,1]$，按照 Bayes 假设，R 的先验分布为 $[0,1]$ 上的均匀分布，即 $B(1,1)$。

（2）Reformulation 方法

Reformulation 也称为朴素的不变性方法，其出发点是考虑问题的统计结构。该方法认为，在对问题进行变换时，如果统计结构没有发生改变，就认为变换不会影响参数的无信息先验分布。由 Reformulation 方法，二项分布未知参数 R 的先验分布为 $B(0,0)$。

（3）Jeffreys 准则

在 Bayes 假设中，如果存在一个未知参数 θ 服从均匀分布，则将参数转化成 θ 的单调函数 $g(\theta)$ 时，由于问题没有改变，按照 Bayes 假设，$g(\theta)$ 应该服从均匀分布，这是存在矛盾的。因为在 θ 服从均匀分布时 $g(\theta)$ 一般不服从均匀分布，反之亦然。为此，Jeffreys 提出一种建立在 Fisher 信息基础上的方法。

先验密度 $\pi(\theta)$ 应满足

$$\pi(\theta) \propto (\det I(\theta))^{1/2} \tag{3.14}$$

式中，$I(\theta)$ 为 Fisher 信息矩阵，$I(\theta)$ 是非负定的。

按照 Jeffreys 准则，二项分布未知参数 R 的先验分布为 $B(0.5, 0.5)$。

综上所述，对于二项分布的无信息先验分布中的可靠度 R，如表 3 - 1 所示。

表 3 - 1　无信息先验分布中的可靠度 R

判断准则	Bayes 假设	Jeffreys 准则	Reformulation 方法
先验密度	$B(1,1)$	$B(0.5, 0.5)$	$B(0,0)$

在这三种无信息先验分布中，$B(0,0) = R^{-1}(1-R)^{-1}$ 并不是正常的密度函数，而是广义先验，$B(0.5, 0.5)$ 和 $B(1,1)$ 是正常的密度函数。

2. 切割器高温储存试验样本量确定

虽然三种无信息先验分布在理论上具有各自的合理性，但不同的先验分布对 Bayes 统计推断会产生不同的影响，在切割器高温储存试验样本量确定时，要选择最合适的先验分布，必须充分综合切割器自身特性。

根据三种判定准则，先验分布分别取 $B(0,0)$、$B(0.5, 0.5)$、$B(1,1)$ 时，对于给定的置信水平 $1 - \alpha$ 和试验结果 (s, f)，其所对应的可靠度置信下限分别为 R_L^1、R_L^2、R_L^3，当 $s > f$ 时，有

$$R_L^1 > R_L^2 > R_L^3 \tag{3.15}$$

其中，当 $s = 0$ 或 $f = 0$ 时，R_L^1 不存在。

为了考察 R_L^1、R_L^2、R_L^3 之间的差异，使用计算机对数值进行模拟。

在可靠度 R 分别为 0.99、0.95、0.90、0.85、0.80、0.75、0.70、0.65、0.60、0.55、0.50 时，按样本量 n = 5、8、10、15、20、30、40、60、80、100 各产生一组二项分布随机数，每组 5 000 个，分别按照以上三种先验分布计算可靠度下限 R_L^1、R_L^2、R_L^3，并计算 5 000 个 R_L^1 的平均值和冒进（与保守相对应）比率。

当平均值较低时，说明得到的可靠度置信下限趋于保守；冒进比率高则说明可靠度置信下限有冒进的趋势。

当试验出现无失效数据情况时，$B(0,0)$ 不能使用。为了方便对比，将随机数分成无失效和失效两种情况，由于篇幅限制，表 3 - 2 ~ 表 3 - 4 只列出部分结果。

表 3 – 2　R_{L}^{1}，R_{L}^{2}，R_{L}^{3} 的差异（$R=0.90$，$1-\alpha=0.9$）

平均值　无失效　失效	冒进比率　无失效　失效	n = 5		n = 10		n = 20		n = 40	
$B(0,0)$		—	—	—	—	—	—	—	—
		0.511 85	0	0.703 46	0	0.795 71	0	0.836 63	0.212 9
$B(0.5,0.5)$		0.653 62	0	0.738 06	0	0.792 04	0.121 8	0.827 08	0.079 2
		0.476 35	0	0.665 18	0	0.772 16	0	0.824 74	0.063 8
$B(1,1)$		0.580 78	0	0.697 01	0	0.769 71	0	0.515 93	0.079 2
		0.456 69	0	0.636 89	0	0.752 17	0	0.813 77	0.063 8

表 3 – 3　R_{L}^{1}，R_{L}^{2}，R_{L}^{3} 的差异（$R=0.80$，$1-\alpha=0.9$）

平均值　无失效　失效	冒进比率　无失效　失效	n = 5		n = 10		n = 20		n = 40	
$B(0,0)$		—	—	—	—	—	—	—	—
		0.450 38	0	0.609 77	0	0.683 84	0.194 0	0.717 89	0.156 0
$B(0.5,0.5)$		0.538 17	0	0.616 97	0.112 0	0.671 01	0.064 0	0.710 46	0.077 2
		0.427 12	0	0.584 12	0	0.668 06	0.053 6	0.710 41	0.077 0
$B(1,1)$		0.500 68	0	0.592 69	0.112 0	0.657 70	0.064 0	0.703 43	0.077 2
		0.415 38	0	0.565 03	0	0.655 05	0.053 6	0.703 38	0.077 0

表 3 – 4　R_{L}^{1}，R_{L}^{2}，R_{L}^{3} 的差异（$R=0.70$，$1-\alpha=0.9$）

平均值　无失效　失效	冒进比率　无失效　失效	n = 5		n = 10		n = 40	
$B(0,0)$		—	—	—	—	—	—
		0.385 91	0	0.513 84	0.126 0	0.606 08	0.103 4

续表

平均值	冒进比率	$n=5$		$n=10$		$n=40$	
无失效	无失效						
失效	失效						
$B(0.5,0.5)$	0.437 64	0.160 4	0.510 79	0.152 6	0.601 91	0.103 4	
	0.374 76	0	0.499 66	0.126 0	0.601 91	0.103 4	
$B(1,1)$	0.419 83	0	0.498 78	0.029 8	0.597 98	0.103 4	
	0.371 06	0	0.489 28	0	0.597 98	0.103 4	

根据计算机模拟结果，可以得到以下两点结论：

（1）不同先验分布造成的可靠度置信下限差异会随着样本量的增大而减小，样本量较小时，差异比较明显；$n>40$ 后，差异不再明显。

（2）在可靠度 R 较高（大于 0.85）并且样本量较小（小于 30）的情况下，先验分布采用 $B(0,0)$ 进行可靠性评估较为合适；在可靠度 R 较低（小于 0.70）并且样本量较大（大于 40）的情况下，采用 $B(1,1)$ 进行可靠性评估较为合适；介于两者之间的情况应采用 $B(0.5,0.5)$。由于该型切割器可靠度相对较大，先验分布选用 $B(0.5,0.5)$ 较为合适。

在置信度为 0.9 的水平下，切割器正常工作概率是 0.95，当切割器高温储存试验试样数量为 n 发，并且无失效出现时，经查 GJB 376—1987《火工品可靠性评估方法》中样本量确定表 A1 知，需要试样 45 发。

根据 Jeffreys 准则，无信息先验分布取 $B(0.5,0.5)$，则在工厂试验 11 发试样后，无失效出现的后验分布是 $B(R,11.5,0.5)$。工厂试验和鉴定试验结果相容，则在高温储存试验中试验试样 n 发，无失效后验分布为 $B(n+11.5, 0.5)$，根据定理可知

$$\frac{0.5}{n+11.5} \cdot \frac{R}{1-R} \sim F(2n+23,1) \tag{3.16}$$

在置信水平为 0.9 时，可靠度置信下限为

$$R_L \frac{(2n+23)F_{0.1}(2n+23,1)}{1+(2n+23)F_{0.1}(2n+23,1)} \tag{3.17}$$

因为

$$R_L = \frac{(2n+23)F_{0.1}(2n+23,1)}{1+(2n+23)F_{0.1}(2n+23,1)} \geqslant 0.95 \tag{3.18}$$

可求得 $n=16$。

|3.3 自然储存试验分析法|

弹药薄弱件自然环境储存试验就是将弹药或薄弱件在典型的自然环境下长期储存，监测弹药或薄弱件各项性能指标的变化，根据一定的评判标准，确定弹药或薄弱件的储存寿命。自然环境储存试验的试验周期较长，但数据真实、可靠。

3.3.1 自然环境试验类型

自然环境试验按试验环境分类，主要包括大气自然环境试验和海水自然环境试验。大气自然环境试验是将试验样品放置于典型大气自然环境中的试验，包括户外暴露试验、户外储存试验、棚下暴露试验、棚下储存试验、库内暴露试验、库内储存试验等。海水自然环境试验是将试验样品放置在典型海洋环境的大气区、飞溅区、潮差区、全浸区、海泥区或全区等的试验，包括表层海水暴露试验、深海海水暴露试验、海泥区暴露试验和长尺试验等，如图 3 - 9 所示。

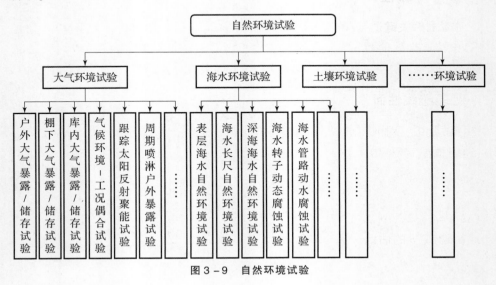

图 3-9 自然环境试验

3.3.2　自然环境试验方案设计

自然储存环境试验方案设计需要考虑图 3 – 10 中的要素，根据试验目的合理设计试验方案。

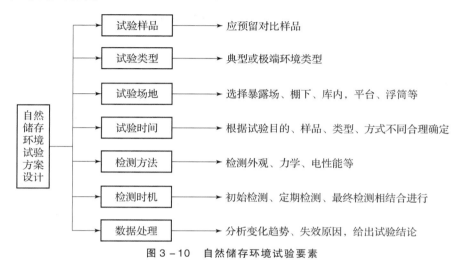

图 3 – 10　自然储存环境试验要素

3.3.3　可靠性评估模型

对薄弱件关键退化参数，根据其数据退化情况，建立退化模型。若为线性退化，即明显的单调递增或递减，用线性回归模型；若为非线性退化，即波动递增或递减，而且斜率和阈值都大于 0 可采用维纳（Wiener）过程模型。

1. 基于线性回归模型的可靠性评估

在试验中，对 n 个薄弱件进行 i 次检测，检测时间分别为 t_1，$\cdots$，t_i。假设每次检测对应的性能参数用 $X(t_i)$ 表示，$X(t_i)$ 服从正态分布，其变化规律可以用一次线性回归方程表示为

$$X(t_i) = a + bt_i + \varepsilon_i \tag{3.19}$$

式中，$i = 1,\ 2,\ \cdots,\ n$；ε_i 为回归方程与真实值的差，$\varepsilon \sim N(0, \sigma^2)$。

参数 a、b 的估计值可以使用最小二乘法得到，其表达式为

$$\hat{b} = \frac{\sum_{i=1}^{n}(t_i - \overline{t})(X(t_i) - \overline{X(t)})}{\sum_{i=1}^{n}(t_i - \overline{t})}, \hat{a} = \overline{X(t)} - \hat{b}\,\overline{t} \tag{3.20}$$

式中，

$$\bar{t} = \frac{\sum_{i=1}^{n} t_i}{n}, \overline{X(t)} = \frac{\sum_{i=1}^{n} X(t_i)}{n}$$

拟合出的性能退化回归模型为

$$\hat{X}(t_i) = \hat{a} + \hat{b}t_i$$

并且可以得到其与真实值的差为

$$\varepsilon_i = X(t_i) - \hat{X}(t_i) \tag{3.21}$$

假设薄弱件的某个性能参数大于阈值 D_f 时失效，则其可靠度可以表示为

$$R(t) = P(\hat{X}(t) \leqslant D_f) = P(\hat{a} + \hat{b}t + \varepsilon \leqslant D_f) \tag{3.22}$$

式中，$\hat{a}$、$\hat{b}$ 为线性回归得到的常数；t 为储存时间；ε 为自变量，且 $\varepsilon \sim N(0, \sigma^2)$。

$$R(t) = \phi\left(\frac{D_f - \hat{a} - \hat{b}t}{\sigma}\right) \tag{3.23}$$

同理，如果某个参数小于 D_f 时失效，则线性模型的可靠度可表示为

$$R(t) = P(\hat{X}(t) \geqslant D_f) = 1 - \phi\left(\frac{D_f - \hat{a} - \hat{b}t}{\sigma}\right) \tag{3.24}$$

2. 基于 Wiener 过程的性能退化建模及可靠性评估

如果退化参数的数据退化形态为非线性且总体为上升趋势，则退化建模用 Wiener 过程。

标准 Wiener 过程 $\{X(t); t \geqslant 0\}$ 满足下列三条性质。

（1）$X(0) = 0$；

（2）随机过程 X 有平稳独立增量，而且增量 $X(t + \Delta t) - X(t) \sim N(0, \Delta t)$；

（3）$X(t)$ 是连续函数。

设 $\{\tilde{X}(t); t \geqslant 0\}$ 是标准 Wiener 过程，则漂移 Wiener 过程表示为

$$X(t) = \sigma \tilde{X}(t) + \mu t, t \geqslant 0 \tag{3.25}$$

式中，μ、σ 为常数，μ 为漂移参数，σ 为扩散参数。

漂移 Wiener 过程是具有下列性质的随机过程 $\{X(t); t \geqslant 0\}$。

（1）$X(0) = 0$；

（2）随机过程 X 有平稳独立增量，且增量服从正态分布，即

$$X(t + \Delta t) - X(t) \sim N(\mu \Delta t, \sigma^2 \Delta t)$$

（3）对任意 $t > 0$，$X(t) \sim N(\mu t, \sigma^2 t)$。

根据一元漂移 Wiener 过程的定义可得出其均值和方差的计算公式分别为

$$E[X(t)] = \mu t, \mathrm{Var}[X(t)] = \sigma^2 t \tag{3.26}$$

显然，$X(t)$ 的均值以及方差均随时间推移而线性增加，变异系数计算公式为

$$\mathrm{Cov}[X(t)] = \frac{\sqrt{\mathrm{Var}[X(t)]}}{E[X(t)]} = \frac{\sigma}{\mu\sqrt{t}} \tag{3.27}$$

如果某种产品的性能退化过程满足一元 Wiener 过程，并且其失效阈值为 $D_f(D_f > 0)$，则产品的性能退化量首次达到失效阈值的时间 T 可以表示为

$$T = \inf\{t \mid X(t) = D_f, t \geq 0\} \tag{3.28}$$

一元 Wiener 过程的漂移参数 μ 没有固定范围，可以是任意实数；然而由于实际情况中产品最终都会失效，所以使用其进行产品性能退化建模时，要求漂移参数 $\mu > 0$，以确保 $X(t)$ 最后能够到达失效阈值 D_f。

寿命 T 的分布可以看作为逆高斯分布，其分布函数和概率密度函数计算公式分别为

$$F(t) = \phi\left(\frac{\mu t - D_f}{\sigma\sqrt{t}}\right) + \exp\left(\frac{2\mu D_f}{\sigma^2}\right)\phi\left(\frac{-D_f - \mu t}{\sigma\sqrt{t}}\right) \tag{3.29}$$

和

$$f(t) = \frac{D_f}{\sqrt{2\pi\sigma^2 t^3}}\exp\left[-\frac{(D_f - \mu t)^2}{2\sigma^2 t}\right] \tag{3.30}$$

产品寿命 T 的期望和方差分别为

$$E(T) = \frac{D_f}{\mu}, \mathrm{Var}(T) = \frac{D_f\sigma^2}{\mu^3} \tag{3.31}$$

产品的失效阈值 D_f 通常看作是已知的，由产品生产设计中的的功能需求或者通过失效物理分析来确定。

假设对总数为 n 的样品进行性能退化试验。对于某个样品 i，初始时刻 t_0 的性能退化量 $X_{i0} = 0$，在不同的时刻 $t_1, \cdots, t_{m_i}$ 检测其性能退化量，对应的测量值分别为 $X_{i1}, \cdots, X_{im_i}$。记 $\Delta x_{ij} = x_{ij} - x_{i(j-1)}$ 为样品 i 在相邻时刻 t_{j-1} 和 t_j 之间的性能退化量的变化量，根据 Wiener 过程的性质，有

$$\Delta x_{ij} \sim N(\mu\Delta t_j, \sigma^2\Delta t_j) \tag{3.32}$$

式中，$\Delta t_j = t_j - t_{j-1}(i = 1, 2, \cdots, n; j = 1, 2, \cdots, m_i)$。

由性能退化数据得到的似然函数为

$$L(\mu, \sigma^2) = \prod_{i=1}^{n}\prod_{j=1}^{m_i}\frac{1}{\sqrt{2\sigma^2\pi\Delta t_j}}\exp\left[-\frac{(\Delta x_{ij} - \mu\Delta t_j)^2}{2\sigma^2\Delta t_j}\right] \tag{3.33}$$

参数 μ 和 σ^2 的极大似然估计为

$$\hat{\mu} = \frac{\sum\limits_{i=1}^{n} x_{im_i}}{\sum\limits_{i=1}^{n} t_{m_i}}, \hat{\sigma}^2 = \frac{1}{\sum\limits_{i=1}^{n} m_i} \left[\sum_{i=1}^{n}\sum_{j=1}^{m_i} \frac{(\Delta x_{ij})^2}{\Delta t_j} - \frac{\left(\sum\limits_{i=1}^{n} x_{im_i} \right)^2}{\sum\limits_{i=1}^{n} t_{m_i}} \right] \quad (3.34)$$

由 $\hat{\mu}$ 和 $\hat{\sigma}^2$ 得到任务时间 t 的可靠度点估计为

$$R(t) = 1 - F(t) = \phi\left(\frac{D_f - \hat{\mu}t}{\hat{\sigma}\sqrt{t}} \right) - \exp\left(\frac{2\hat{\mu}D_f}{\hat{\sigma}^2} \right)\phi\left(\frac{-D_f - \hat{\mu}t}{\hat{\sigma}\sqrt{t}} \right) \quad (3.35)$$

3.3.4 模型预测误差估算

建立的模型性能优劣可以通过交叉验证（Cross – Validation）来评估。在所有的建模样本中，使用大部分样本来建立模型，剩余的小部分样本则用建立的模型进行预测，并记录这小部分样本的预测误差的平方和。这个过程反复进行，直到所有的样本都被作为剩余的小部分样本预测了一次而且仅被预测一次。

交叉验证的过程是将原始数据集（data set）进行分组，用于建立模型的大部分样本叫作训练集（train set），由于验证模型的小部分样本称为验证集（validation set or test set）。首先使用训练集训练模型；然后使用模型预测验证集得到误差，最后根据预测的误差来评价模型的性能。

k 折交叉验证是一种常用的交叉验证方法。其方法是将初始总样本分成 k 个子样本，其中一个子样本选作验证集（数据数量一般少于总样本的 1/3），剩余的其他 $k-1$ 个子样本用来训练模型。重复试验 k 次，最终每个子样本被验证一次，将 k 次的结果取平均值作为最终单一估值。该方法的好处在于，循环运用随机分类的子样进行建模和预测，每次的结果验证一次，提高了模型的准确性，其中，取 $k=10$ 是交叉验证中最常用的。

10 折交叉验证过程如下：

（1）取全部数据的 85% 进行建模及验证，再将这 85% 的数据等分为 10 份，10 份样本记为 $S = \{S_1, S_2, \cdots, S_{10}\}$，选取第 i 份样本 S_i 作为测试集，剩余样本 S/S_i 作为训练集。

（2）用 S/S_i 中的样本，代入线性退化模型，估计得到模型参数（$\hat{a}_i$、$\hat{b}_i$）。

（3）根据 S_i 中的时间 t_{ik} 和模型参数（$\hat{a}_i$、$\hat{b}_i$）得到该组测试项目测试数据的预测值 $\hat{X}_{ik}$。

（4）计算预测误差（l_i 为 S_i 的样本数，X_{ik} 为实际测得数据）：

$$\text{MAE}_i = \frac{\sum\limits_{k=1}^{l_i} \dfrac{|X_{ik} - \hat{X}_{ik}|}{X_{ik}}}{l_i}, i = 1, 2, \cdots, 10 。$$

（5）计算 10 折交叉验证预测误差分布数。利用 $\{MAE_i, i = 1, 2, \cdots, 10\}$，计算均值和标准差。

误差均值 $\mu = \dfrac{1}{10} \displaystyle\sum_{i=1}^{10} MAE_i$；误差标准差 $\sigma = \sqrt{\dfrac{1}{10} \displaystyle\sum_{i=1}^{10} \left(MAE_i - \mu \right)^2}$。

|3.4　加速储存试验分析法|

为了较短时间内分析弹药薄弱件的可靠性问题，通常采用加速试验的方法，即在不改变薄弱件自然储存失效机理的条件下，加载更严酷的环境应力，加速薄弱件退化、失效，获得退化、失效数据，进而反推出正常应力下可靠性的试验方法。

3.4.1　加速试验类型

加速试验根据薄弱件失效模式不同，可分为加速寿命试验（ALT）、加速退化试验（ADT）、竞争失效加速试验，如图 3 - 11 所示。

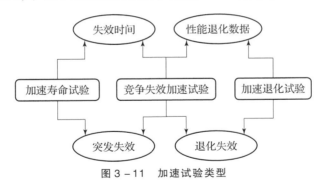

图 3 - 11　加速试验类型

加速试验按照应力加载方式的不同，可分为恒加试验（CSAT）、步加试验（SSAT）和序加试验（PSAT），如表 3 - 5 所示。

表 3 - 5　试验类型区别

试验类型	应力施加方式	样本量要求	寿命评估精度	试验设备要求
恒加试验	每组样本一级恒定应力	每级应力需一组样本，样本量高	理论成熟，评估精度高	一般

续表

试验类型	应力施加方式	样本量要求	寿命评估精度	试验设备要求
步加试验	按阶段步进增加应力	一组样本，样本量低	评估精度比恒加试验低	一般
序加试验	应力随时间线性提高	一组样本，样本量低	评估难度高，相关理论不够完善，精度低	高

3.4.2　加速试验方案设计

加速试验方案设计的重心主要在于两个方面：一是对样品的结构、功能及作用过程进行深层次分析，确定在储存环境下主要的失效模式；二是结合失效模式对方案的各要素进行设计，主要包括寿命模型、加速模型、加速应力、应力水平、试验时间、检测间隔、截尾方式等。加速试验方案中包含的各试验要素及相关要求，如图 3 – 12 所示。

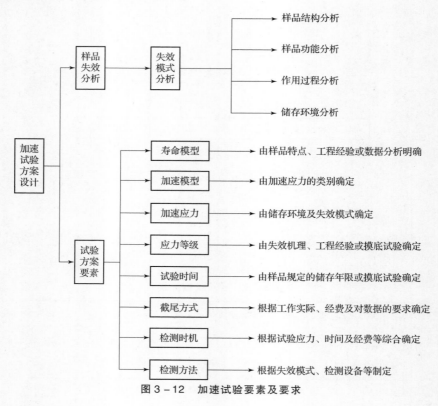

图 3 – 12　加速试验要素及要求

加速试验的数据处理流程通常如图 3 – 13 所示。

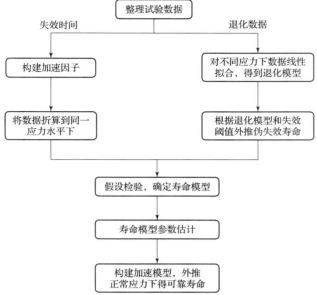

图 3 – 13　加速试验的数据处理流程

3.4.3　寿命分布模型

薄弱件寿命分布主要有威布尔（Weibull）分布、指数分布、正态分布，其概率密度函数表达式如下：

（1）两参数威布尔分布：

$$f(t) = \frac{m}{\eta}\left(\frac{t}{\eta}\right)^{m-1}\exp\left[-\left(\frac{t}{\eta}\right)^{m}\right], m, \eta > 0 \tag{3.36}$$

式中，m 为形状参数，η 为特征寿命。

（2）指数分布：

$$f(t) = \lambda\exp(-\lambda t) \tag{3.37}$$

式中，λ 为失效率，$\lambda = 1/\theta$；θ 为平均寿命。

（3）正态分布：

$$f(t) = \frac{1}{\sqrt{2\pi}\sigma}\exp\left[-\frac{1}{2}\left(\frac{t-\mu}{\sigma}\right)\right], \sigma > 0 \tag{3.38}$$

式中，μ 为寿命均值；σ 为寿命标准差。

当威布尔分布的 $m = 1$ 时，将变成指数分布；当 $m = 3.43927$ 时，威布尔分布将趋近正态分布：

$$f(t) = \frac{1}{\eta} \exp\left(-\frac{t}{\eta}\right) \qquad (3.39)$$

除以上三种分布类型外，还有对数正态分布、伽马（Gamma）分布、I 型极小值分布、I 型极大值分布等，其概率密度函数表达式如下：

对数正态分布：

$$f(t) = \frac{1}{\sqrt{2\pi}\sigma t} \cdot \exp\left[-\frac{(\ln t - \mu)^2}{(\sqrt{2}\sigma)^2}\right] \qquad (3.40)$$

伽马分布：

$$f(t) = \frac{\eta^m}{\Gamma(m)} t^{m-1} \cdot \exp(-\eta t), t > 0 \qquad (3.41)$$

I 型极小值分布：

$$f(t) = \frac{1}{\eta} \exp\left(\frac{t-\gamma}{\eta}\right) \exp\left[-\exp\left(\frac{t-\gamma}{\eta}\right)\right] \qquad (3.42)$$

I 型极大值分布：

$$f(t) = \frac{1}{\eta} \exp\left(\frac{\gamma-t}{\eta}\right) \exp\left[-\exp\left(\frac{\gamma-t}{\eta}\right)\right] \qquad (3.43)$$

式中，η 为伽马分布；t 为 I 型极小值分布和 I 型极大值分布的尺度参数；γ 为 I 型极小值分布和 I 型极大值分布的位置参数。

可以利用参数检验、非参数检验等假设检验方法，检验薄弱件的寿命分布类型。

3.4.4　加速模型

加速模型是用来描述薄弱件可靠性特征量与应力水平之间关系的方程，通过加速模型才能根据高应力下的寿命信息推出正常应力水平下的信息。

1. Arrhenius 模型

Arrhenius 模型主要针对加速应力为温度的情况，即

$$\eta_i^{(d)}(t) = A^{(d)} e^{E^{(d)}/(kS_i)} \qquad (3.44)$$

式中，S_i 为第 i 个加速应力水平，通常为绝对温度；$\eta_i^{(d)}$ 为 S_i 下失效模式 $d(d = 1, 2, \cdots, M)$ 的平均寿命、p 分位可靠寿命等；$A^{(d)}$ 为与薄弱件结构尺寸、失效模式 d、试验方法等因素相关的常数；$E^{(d)}$ 为与失效模式 d 相关的激活能（eV）；k 为 Boltzmann 常数，$k = 8.617\,1 \times 10^{-5}$ eV/℃。

对式（3.44）两边取对数，可得线性化的 Arrhenius 模型，即

$$\ln \eta_i^{(d)} = \gamma_0^{(d)} + \gamma_1^{(d)} \varphi(S_i) \qquad (3.45)$$

式中，$\gamma_0^{(d)}$ 为参数，$\gamma_0^{(d)} = \ln A^{(d)}$；$\gamma_1^{(d)}$ 为参数，$\gamma_1^{(d)} = E^{(d)}/k$；$S_i$ 为应力函数，

$\varphi(S_i) = 1/S_i$。

2. 逆幂率模型

逆幂率模型主要针对加速应力为机械应力或电应力的情况，即

$$\eta_i^{(d)} = A^{(d)} S_i^{\gamma_1^{(d)}} \tag{3.46}$$

式中，S_i 为第 i 个机械应力或电应力；$\gamma_1^{(d)}$ 为与失效模式 d 等因素相关的常数。

式（3.45）两边取对数，可得线性化的逆幂率模型，即

$$\ln \eta_i^{(d)} = \gamma_0^{(d)} + \gamma_1^{(d)} \varphi(S_i)$$

式中，$\gamma_0^{(d)} = \ln A^{(d)}$；$\varphi(S_i) = \ln S_i$。

3. Eyring 模型

Eyring 模型主要针对加速应力采用两种不同应力（其中一种为温度应力）的情况，即

$$\eta_i^{(d)} = (A^{(d)}/T_i) \exp[B^{(d)}/kT_i] \cdot \exp\{V_i[C^{(d)} + D^{(d)}/kT_i]\} \tag{3.47}$$

式中，$A^{(d)}$，$B^{(d)}$，$C^{(d)}$，$D^{(d)}$ 为待定常数；T_i 和 V_i 分别为第 i 个加速应力下的温度和另一种应力。

式（3.47）两边取对数，可得线性化的 Eyring 模型：

$$\ln \eta'^{(d)}_i = \gamma_0^{(d)} + \gamma_1^{(d)} \cdot \varphi_1(T_i) + \gamma_2^{(d)} \cdot \varphi_2(V_i) + \gamma_3^{(d)} \cdot \varphi_1(T_i)\varphi_2(V_i)$$

$$\tag{3.48}$$

式中，$\eta'^{(d)}_i = \eta_i^{(d)} \cdot T_i$，$\gamma_0^{(d)} = \ln A^{(d)}$，$\gamma_1^{(d)} = B^{(d)}/k$，$\gamma_2^{(d)} = C^{(d)}$，$\gamma_3^{(d)} = D^{(d)}/k$，$\varphi_1(T_i) = 1/T_i$，$\varphi_2(V_i) = V_i$，$\varphi_1(T_i)\varphi_2(V_i) = V_i/T_i$。$\varphi_1(T_i)\varphi_2(V_i)$ 为交互项，若两应力之间无交互作用，则可略去。

4. 多项式加速模型

k 次多项式拟合加速模型：

$$\ln \eta_i^{(d)} = \gamma_0^{(d)} + \gamma_1^{(d)} \cdot \varphi(S_i) + \gamma_2^{(d)} \cdot [\varphi(S_i)]^2 + \cdots + \gamma_k^{(d)} \cdot [\varphi(S_i)]^k$$

$$\tag{3.49}$$

当 $k = 1$ 时，式（3.49）变成 Arrhenius 模型（$\varphi(S_i) = 1/S_i$）或逆幂率模型（$\varphi(S_i) = \ln S_i$）。

3.4.5　参数估计

对于寿命模型、加速模型中的未知参数，需进行参数估计，主要有最小二乘法（LSE）、极大似然估计法（MLE）、贝叶斯估计法等。

最小二乘估计法其实就是使实际值与估计值之差的平方和最小的方法，能较为简便地求出未知数据，并通过使误差平方和最小的方式找出数据的最优值。但最小二乘法在工程应用中会引入误差，使信息丢失，并且使用的是线性估计，使用上有一定的局限性。

Bayes 估计法是采用高次概率分布的积分法对模型的未知参数进行估计，需要利用历史数据或者同类薄弱件的相似经验等作为先验信息，结合加速试验所得小样本数据对薄弱件的分布及参数进行推断。如果没有一定的先验信息则不适合用此方法估计。

极大似然估计法是使似然函数最大化来确定参数估计值的方法，使用上较为直接，有良好的不变性，在参数估计中应用最为广泛。

对于大样本的完整数据，上述三种方法都能提供较为一致的结论。但是，针对新型弹药而言，数据量较少，极大似然估计法更具优势。特别是相比于另两种方法，极大似然估计法具有标准离差更小、参数估计更为准确的优点，并且能对模型参数的置信区间进行有效计算，对数据的利用也较为完整。

|3.5 软件仿真分析法|

可以利用 ANSYS 和 CST 等仿真软件，建立典型弹药薄弱件的模型，分析温度、湿度、振动、电磁等主要环境因素或多因素耦合的影响。

软件仿真方法的一般步骤主要包括模型建立、网格划分、应力加载、计算求解等，如图 3-14 所示。

图 3-14　软件仿真步骤图

1. 模型建立

根据弹药薄弱件的外形尺寸、材料特性等建立其三维模型，也可根据其功能特征建立等效模型。模型建立可利用三维仿真软件 Solidworks、AutoCAD 等。

对于温度试验，典型材料的传热参数如表 3-6 所示。

表 3 – 6　弹药典型材料热传递物理参数

材料	密度/(kg · m⁻³)	比热容/ (J · kg⁻¹ · ℃⁻¹)	热导率/ (W · m⁻¹ · ℃⁻¹)
优质钢 22A1	7 840	470	43
S15A	7 850	470	36.6
D60 钢	7 840	114	48.57
黄铜	8 440	377	106
823 钢	7 860	513	31
衬纸	856	3 200	0.016
纸片	930	1 340	0.18
紧塞盖（硬木）	720	1 255	0.16
药包（布）	245	1 300	0.076 8
JHL – 2	1 680	1 078	0.26
7/14 发射药	770	1 130	0.12
梯铝	1 620	1 293	0.26
双芳 – 3 18/1	758	1 314	0.11
TNT	1 590	1 293	0.26
三胍 – 15 23/19	798	1 212	0.150 1

2. 网格划分

模型建立完成后，对于有限元分析方法，需要进行网格划分，有限元网格划分一般分为自由网格划分、映射网格划分、扫掠网格划分和混合网格划分。自由网格划分对于单元形状没有限制，并且没有特定的准则。对于任何几何模型，规则的或是不规则的，都可以进行网格划分，是自动化程度最高的网格划分技术之一。映射网格划分对单元形状有限制，而且必须满足特定的规则。映射网格只包含四边形或三角形单元，体单元只包含六面体单元。映射网格具有规则的形状，明显成排的单元。采用扫掠方式形成网格是一种非常好的方式，对于复杂实体模型，经过一些简单适当的切分处理，就可以自动形成规整的六面体网格。混合网格划分是根据实体模型各部位的特点，分别采用自由、映射、扫掠等多种网格划分方式，以形成综合效果尽量好的有限元模型。混合网格划分方式要在计算精度、计算时间、建模工作量等方面进行综合考虑。

3. 应力加载

对于温度应力，ANSYS 提供了热载荷，可以施加在实体模型或单元模型上，包括温度、热流率、对流、热流密度、生热率和热辐射率等。

温度可以施加在有限元模型的节点上，也可以施加在实体模型的关键点、线段及面上。均匀温度可以施加到所有节点上，不是一种温度约束，一般只用于施加初始温度而非约束，在瞬态分析的第一个子步施加在所有节点上。

4. 计算求解

有限元分析方法中，求解输出选项中时间步长的设置对求解精度和效率影响很大。如果时间步长减小，求解发散的可能性下降，结果更加准确，每次求解迭代次数下降，但分析时间增加。如果时间步长过小，对于有中间节点的单元，会形成不切实际的变动，造成温度结果不真实。如果时间步长太大就得不到足够的温度梯度。

|3.6 信息融合分析法|

1. 储存信息融合数据库

弹药薄弱件储存信息主要包括以下几个方面：储存薄弱件信息、储存环境信息、储存性能测试信息、储存后验证试验信息。获得了上述四类储存信息，可以利用信息融合技术对薄弱件的储存可靠性信息进行融合处理，构建一个信息量丰富、全面、翔实可用的储存信息融合数据库。

2. 可靠性信息融合方法

可靠性信息可以分为两大类型：试验时间数据和性能参数数据。对于每一类可靠性信息，根据可靠性信息的不同来源，可以将多源可靠性信息的融合方法分为四种。

（1）多源信息加权融合方法。针对同一种状态薄弱件获取的多源可靠性验前信息，如专家意见、试验信息、单元和分系统信息、仿真信息等，尽可能从可靠性信息的本质特点出发，提高数据的利用率，减少加权融合时权值确定的主观性影响。因此，需要充分考虑验前信息与验后分布的相关性，验前信息的充分性、可信性，验前信息源之间可能存在的冗余和互补关系等。引入完全从数据特性本身出发的、减少主观不确定性的融合准则，对多源验前信息进行融合，得到融合验前分布。在融合验前分布的基础上，进一步进行可靠性统计推断，增强评定结果的稳健性、合理性。

（2）环境因子折合方法。针对弹药及薄弱件在不同环境下的试验信息，引入随机加权方法，对环境因子进行估计，实现信息融合利用。

（3）基于可靠性增长的信息融合方法。在薄弱件研制过程中，各阶段通常都要进行性能试验、环境试验或综合性试验，有计划地按照"试验 – 分析 – 改进"的程序，使薄弱件固有可靠性水平提高。开展可靠性评估的一个重要途径就是合理融合薄弱件研制各阶段的可靠性信息。针对薄弱件可靠性增长信息融合问题，研究基于中位值的动态增长模型和基于修正似然函数的增长模型方法。考虑到薄弱件研制中可能出现的多种失效模式情形对可靠性增长规律的影响，研究多模失效可靠性增长分析模型。

（4）性能退化信息的融合方法。对退化数据的分析一般采用两种方式：一种是将薄弱件退化量或与退化相关的参数作为时间的函数（该函数一般称为退化轨迹），并基于此进行数据分析，即为基于回归模型的退化分析；另一种为基于随机过程的方法，该方法采用随机过程模型来描述薄弱件的退化。

3. 基于信息融合技术的储存可靠性评估流程

弹药薄弱件基于信息融合技术的储存可靠性评估流程，如图 3 – 15 所示，评估流程主要包括薄弱件储存信息收集、分类、前处理、构建数据库、信息融合以及储存可靠性评估。

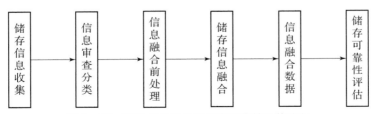

图 3 – 15　基于信息融合的储存可靠性评估流程

4. 基于信息融合技术的舰载航空弹药储存可靠性分析方法

将舰载航空弹药薄弱件区分为外部裸露部分薄弱件和内部典型敏感薄弱件两大类进行分析。利用"三防"漆、结构体、标准件等外部裸露部分薄弱件的海洋环境加速模拟试验数据，建立加速模型，并与海洋环境自然储存试验数据进行对比验证，进而进行可靠性评估。利用典型火工品、非金属材料、弹簧、电子元器件等弹体内部敏感薄弱件的高温加速试验数据，建立加速模型，进行可靠性评估，并且对振动较为敏感的弹簧等薄弱件进行振动仿真评估。可靠性分析评估方法如图 3 - 16 所示。

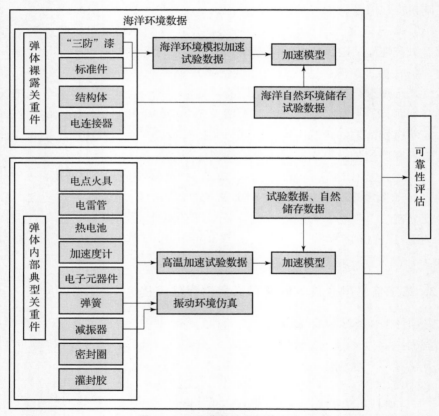

图 3 - 16 可靠性分析评估方法

第 4 章

弹药典型薄弱件可靠性试验分析

为了获得典型薄弱件的可靠性数据，通常需要进行可靠性试验，本章在试验数据收集整理基础上，介绍典型弹体薄弱件的海洋自然储存试验数据分析、典型非金属材料、火工品、电子元器件、弹簧、加速度计、热电池等薄弱件的加速试验数据分析情况，获得典型薄弱件的舰载储存寿命数据。

|4.1 典型弹体薄弱件可靠性试验分析|

弹药裸露在外的"三防"漆、金属结构体、螺钉、电连接器等薄弱件，在弹药战备值班、裸弹储存中容易受到复杂外界环境的影响，特别是在海洋气候环境下可靠性问题更为严重。本章选取典型"三防"漆、铝合金结构件、螺钉标准件、电连接器等弹体薄弱件，通过海洋自然储存试验和加速试验，分析其可靠性。

4.1.1 "三防"漆海洋自然储存试验分析

金属弹体表面通常喷涂"三防"漆，以达到防腐蚀的目的。表 4 - 1 所示为弹药上常用的某型"三防"漆涂层，其在热带近海场户外暴露试验中的色差值变化，如表 4 - 2 所示。

表 4 - 1 "三防"漆试验样品

"三防"漆涂层			试验项目	测试项目
面漆	底漆	底材		
丙烯酸聚氨酯	环氧富锌	磷化处理钢板	海洋环境自然储存	外观性能

表 4 - 2　"三防"漆老化数据

万宁户外暴露时间/月	0	1	6	12	18	24
色差值 $\triangle E^*$	0.88	0.99	1.89	3.17	3.14	3.29

当"三防"漆的色差值较大时，表明"三防"漆降解程度较大，预示着"三防"漆老化问题严重，可靠性下降。

通过表 4 - 2 中数据，建立色差值老化对数模型：

$$\Delta E^* = 0.896\,9 + 0.772\,9\ln t \tag{4.1}$$

其函数拟合曲线如图 4 - 1 所示。

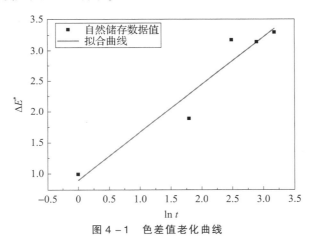

图 4 - 1　色差值老化曲线

当色差值达到 4 时判定为"三防"漆失效，通过式（4.1）可以外推出其预估寿命为 2.3 年。

4.1.2　铝合金结构件海洋自然储存试验分析

喷涂"三防"漆的金属板材在海洋环境下，自然储存时间相对较长。但是对于舰载航空弹药，在转运、装配、挂载等过程中，可能磕碰掉"三防"漆，露出基材。表 4 - 3 所列为弹药上常用的某型铝合金结构件。

表 4 - 3　2A12 铝合金试验样品

材料牌号与热处理状态	品种规格	试验环境
2A12 - T4	有包铝层薄板	海面试验平台棚下
2A12 - T4	无包铝层板材	近海岸户外暴露

2A12 - T4 包铝薄板通过失重法得到的海面试验平台棚下平均腐蚀速率以及腐蚀深度幂函数回归模型见表 4 - 4，2A12 - T4 板材的近海岸户外暴露平均腐蚀速率见表 4 - 5。

表 4 - 4　2A12 - T4 包铝薄板海面试验平台棚下平均腐蚀速率

样品类别	暴露时间/年				腐蚀深度幂函数回归模型
	1	**2**	**3**	**5**	
2A12 - T4（有包铝层）	1.731	1.294	1.280	1.273	$D = 1.623t^{0.810}$ $R_2 = 0.980$

注：D 为平均腐蚀速率换算得到的腐蚀深度（μm），t 为试验时间（年）。

表 4 - 5　2A12 - T4 板材近海岸户外暴露平均腐蚀速率

样品类别	暴露时间/年		
	1	**3**	**6**
板材	0.33	0.96	0.24

根据上面分析，可以看出铝合金在海洋环境下腐蚀很快，其寿命小于 1 个月，对于钢材则更容易腐蚀。

4.1.3　螺钉标准件海洋自然储存试验分析

弹药上连接固定用的某尺寸镀锌钝化合金钢钉，根据其长达 24 个月的热带海洋环境自然储存试验数据，发现 24 个月后合金钢钉基体未发生腐蚀，其镀锌层表面中度腐蚀，腐蚀面积超过 25%，同时在自然储存过程中对其中值疲劳寿命进行测试，结果如表 4 - 6 所示。

表 4 - 6　合金钢钉海洋环境储存中值疲劳寿命结果

试验周期/月	疲劳寿命测试值/次				标准偏差	变异系数	中值疲劳寿命/次
	1	**2**	**3**	**4**			
0	42 500	64 600	77 500	60 400	0.109	0.023	59 874
6	37 800	72 200	43 800	52 600	0.121	0.026	50 075
12	67 700	49 100	57 300	38 300	0.105	0.022	51 970
18	48 700	56 100	62 700	43 200	0.071	0.015	52 157
24	56 200	51 700	62 200	40 300	0.081	0.017	519 49

合金钢钉户外暴露中值疲劳寿命变化曲线如图4-2所示，户外暴露2年后，中值疲劳寿命下降约13.2%。疲劳寿命下降的原因主要是螺钉表面发生腐蚀，导致基体表面出现大量点蚀坑，这些点蚀坑在疲劳试验中作为疲劳裂纹源，导致试样的疲劳性能大大下降。

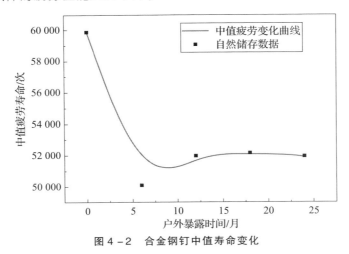

图4-2　合金钢钉中值寿命变化

由图4-2可以观测到，合金钢钉在海洋自然储存试验中，以第6个月为拐点，前期合金钢钉中值疲劳寿命衰减迅速，后期趋于平稳。对于合金钢螺钉在海洋环境下容易发生腐蚀，结合其自然储存的中值寿命曲线，判断其储存寿命小于6个月。

4.1.4　电连接器海洋自然储存试验分析

针对航空炸弹上的某型电连接器，进行了20个月的远海暴露场棚下试验，其外观检测结果见表4-7，电性能测试结果见表4-8。

表4-7　电连接器外观检测结果

试验时间/月	外观描述	性能评级
2	无变化	10/10
4	无变化	10/10
6	连接器表面0.1%白霜，0.5%剥落	10/9vsD，7sF
8	连接器表面0.2%白霜，1%鼓泡，1%剥落	9/8sD，6mG，7mF
10	连接器表面0.25%白霜，1%鼓泡，2%剥落	9/8sD，6mG，5mF

续表

试验时间/月	外观描述	性能评级
12	连接器表面 0.5% 白霜，2% 鼓泡，2% 剥落	8/7sD，5mG，5mF
14	连接器表面 0.5% 白霜，2% 鼓泡，2% 剥落	8/7sD，5mG，5mF
16	连接器表面 1% 白霜，4% 鼓泡，3% 剥落	7/6sD，4mG，4mF
18	连接器表面 1% 白霜，6% 鼓泡，3% 剥落	7/6sD，3mG，4mF
20	连接器表面 1% 白霜，6% 鼓泡，3% 剥落	7/6sD，3mG，4mF

表 4 - 8　电连接器电性能测试数据

试验时间/月	载流导线间			载流导线与连接器壳体			导通
	绝缘电阻	耐压强度（50 Hz）		绝缘电阻	耐压强度（50 Hz）		
	/MΩ	耐压/V	时间/s	/MΩ	耐压/V	时间/s	
2	>9 999	625	2	>9999	625	2	全部导通
4	>9 999	625	2	>9 999	625	2	
6	>9 999	625	2	3 400 - 5 000	625	2	
8	>9 999	625	2	>9 999	625	2	
10	>9 999	625	2	>9 999	625	2	
12	>9 999	625	2	740 - 960	625	2	
14	>9 999	625	2	>9 999	625	2	
16	>9 999	625	2	>9 999	625	2	
18	>9 999	625	2	>9 999	625	2	
20	>9 999	625	2	>9 999	625	2	

　　从表 4 - 7 的外观观测结果可以看出，电连接器在棚下暴露 6 个月后，其壳体表面即出现了白色腐蚀产物（白霜）和镀层的剥落，并且壳体表面的白霜和镀层剥落面积随着暴露时间的延长而不断增加。试验发现，电连接器壳体腐蚀最严重部位主要集中于安装法兰盘处、边、棱角等部位。

　　从表 4 - 8 中电性能测试结果来看，载流导线导通性能、载流导线与连接器壳体的耐压强度以及载流导线间的耐压强度和绝缘电阻这 4 种电性能在海洋环境下比较稳定，在试验过程中未表现出明显的退化行为，而连接器载流导线与壳体的绝缘电阻在试验的第 6 个月和第 12 个月出现了下降。

|4.2　典型非金属材料可靠性试验分析|

密封圈、减振器、灌封胶等非金属材料是弹药的典型薄弱件，容易受到外界环境影响老化变质。为了研究这些非金属材料的储存可靠性问题，本章以某型密封圈、减振器、灌封胶为例，开展可靠性试验分析。

4.2.1　橡胶密封圈加速储存试验分析

密封圈在弹药中长期处于受压状态，在储存环境中温度因素的激发下，会出现永久变形现象。对于密封圈来说，材料永久变形会使弹药的密封条件变差，使内部部件受外界环境因素（主要是湿度环境）的影响，从而影响弹药的可靠度。本节通过对某型密封圈高温加速寿命试验结果进行分析，评估其在不同温度环境下的预估寿命。

根据 GJB 92.1—1986，橡胶材料压缩永久变形试验采用恒定应力高温加速储存，试验温度分别为 80 ℃、100 ℃、120 ℃、140 ℃，试验时间共 90 天，主要测试步骤如下。

（1）加速试验前，需测量试样压缩前高度为 h_0，然后把试样和限制器放于夹具中，均匀地压缩到规定的高度 h_1。

（2）将薄弱件进行高温老化试验，达到规定时间后，从试验箱中取出。首先在室温下冷却 2 h；然后打开夹具，取出试样，在自由状态下停放 24 h。测量试样压缩后的恢复高度为 h_2。

（3）压缩永久变形率 ε 计算公式为

$$\varepsilon = \frac{h_0 - h_2}{h_0 - h_1} \times 100 \qquad (4.2)$$

式中，h_0 为压缩前试样高度；h_1 为限制器高度；h_2 为压缩后试样高度。

（4）按照以上步骤测试得到各加速温度应力量级下各测试时间点的压缩永久变形率。

1）压缩永久变形数据及加速模型建立。密封圈模拟件试样压缩永久变形试验如表 4 - 9 所示。

表4-9 密封圈模拟件加速老化压缩永久变形数据

温度/℃　　加速时间/天	80	100	120	140
0.5	—	—	—	0.027 105
1	—	—	—	0.047 123
2	—	—	0.0158 41	0.064 998
3	0.005 548	—	—	0.093 118
4	—	0.009 681	0.041 558	0.100 914
5	—	—	—	0.110 080
7	0.015 383	0.015 058	0.047 921	0.138 675
10	0.021 990	—	—	0.158 570
11	—	0.043 182	0.075 521	—
14	0.049 526	—	—	—
15	—	0.056 934	0.090 088	0.188 664
20	—	0.082 696	0.107 945	0.215 481
21	0.044 269	—	—	—
30	—	0.097 720	0.127 676	0.247 581
31	0.064 411	—	—	—
45	—	0.141 032	0.177 637	0.278 415
60	0.070 224	0.156 532	0.194 532	0.304 121
75	—	0.175 344	0.209 857	—
90	0.072 970	0.192 146	0.237 512	—

依据 GJB 92.2—86 方法可得橡胶永久变形率与时间之间的关系：

$$P = A\mathrm{e}^{-K\tau^{\alpha}} \tag{4.3}$$

式中，P 为性能变化指标，对于压缩永久变形，$P = 1 - \varepsilon$，ε 为时间 τ 的压缩永久变形率；τ 为老化时间；K 为与温度有关的性能变化速率常数；α 为时间指数，$\alpha = 0 \sim 1$。

其中老化速率常数可以写成与温度有关的加速寿命模型形式，代入 Arrhenius 方程可以写成

$$K = A\mathrm{e}^{-Q/kT} \tag{4.4}$$

式中，Q 为激活能；k 为玻耳兹曼常数；T 为热力学温度。

对式（4.4）两边取对数，按照一定置信区间取 K 值，式（4.4）可以写

$$\ln K = a_1 + tS_y + b_1 \frac{1}{T} \tag{4.5}$$

式中，a_1、b_1 均为常数；t 为在一定置信水平下的分位值；S_y 为 $\ln K$ 的标准离差。

通过理论分析得出密封圈在各加速温度下的拟合方程，如表 4 - 10 所示。

表 4 - 10　硅橡胶材料密封圈模拟件压缩永久变形对时间的拟合方程

温度/℃	拟合方程
80	$1 - \varepsilon = 1.007\ 1\mathrm{e}^{-0.010\ 9t^{0.50}}$
100	$1 - \varepsilon = 1.050\ 4\mathrm{e}^{-0.028\ 3t^{0.50}}$
120	$1 - \varepsilon = 1.029\ 6\mathrm{e}^{-0.031\ 9t^{0.50}}$
140	$1 - \varepsilon = 0.990\ 3\mathrm{e}^{-0.048\ 3t^{0.50}}$

拟合曲线与试验数据对比如图 4 - 3 所示，其应力松弛速率与温度倒数之间满足线性关系，其拟合曲线如图 4 - 4 所示，图中横坐标为温度倒数放大 1 000 倍。

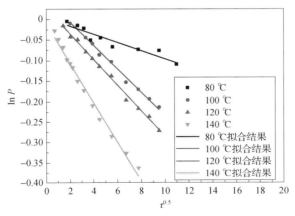

图 4 - 3　永久变形数据拟合

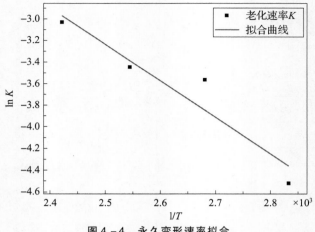

图 4 – 4　永久变形速率拟合

式 $\ln \bar{K} = a + b \dfrac{1}{T}$ 中各系数如表 4 – 11 所示。

表 4 – 11　拟合系数

a	b	r	S_y	tS_y
5.214 6	– 3.379 7	– 0.951 7	0.264 5	0.772 4

置信水平为 95% 时的置信上限为

$$\ln K = a + b \frac{1}{T} = 5.214\ 6 + 0.772\ 4 - 3.379\ 7 \times \frac{1}{T} \times 10^3 \qquad (4.6)$$

2）寿命预估。将目标环境温度代入式（4.5），可以求得当前环境下的老化速率 K。再将 K 代入式（4.3），从而求得舰船储存温度时的拟合方程。在拟合得到材料储存温度下的老化动力学模型后，根据密封圈模拟件加速储存试验及测试结果，确定以压缩永久变形率 $\varepsilon = 25\%$ 为密封圈的储存寿命评估判据临界值，可得密封圈在不同温度下的预估寿命曲线，如图 4 – 5 所示。

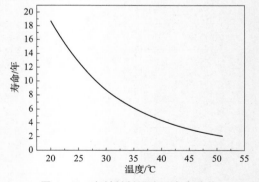

图 4 – 5　密封材料温度—寿命曲线

通过对橡胶密封圈开展加速老化试验，舰船甲板存放环境和舱室储存环境下达到密封圈 25% 永久变形率时的储存寿命，如表 4 – 12 所示。

表 4 – 12　密封圈极值环境储存寿命

储存环境	甲板存放	舱室储存	
		普通舱室	空调舱室
极值	高温 51 ℃	高温 40 ℃	高温 30 ℃
储存寿命/年	2.04	4.24	8.64

4.2.2　橡胶减振器加速储存试验分析

对某型橡胶减振器进行 80 ℃、100 ℃、120 ℃ 和 140 ℃ 恒定应力加速储存试验，试验得到的压缩永久变形数据，如表 4 – 13 所示。

表 4 – 13　橡胶减振器加速老化压缩永久变形数据

温度/℃ 加速时间/天	80	100	120	140
0.5	—	—	—	0.110 207
1	0.012 678	0.043 965	0.079 049	0.166 283
2			0.126 216	0.246 785
3	0.033 969			0.285 071
4	—	0.114 196	0.169 086	0.314 225
5	—	—	—	0.371 631
7	0.066 683	0.174 120	0.221 032	0.407 406
10	0.083 816	—		0.479 154
11		0.268 640	0.281 963	
14	0.121 796			
15	—	0.312 244	0.342 145	0.531 824
20	—	0.356 724	0.374 427	0.609 933
21	0.143 328	—	—	
30	—	0.385 894	0.417 924	0.642 412

加速时间/天 ＼ 温度/℃	80	100	120	140
31	0. 183 107	—	—	—
45	—	—	0. 506 414	0. 688 970
60	0. 196 596	0. 519 081	—	—
75	—	0. 535 924	0. 560 435	—
90	0. 207 363	0. 557 712	—	—

选取指数衰减模型对压缩永久变形数据和老化时间进行回归拟合，得出材料压缩永久变形试验数据在各加速温度下的拟合方程，如表 4 – 14 所示。

表 4 – 14　材料压缩永久变形对时间的拟合方程

温度/K	拟合方程	相关系数	相关系数检验（$\alpha = 0.01$）
353	$1 - \varepsilon = 0.992\ 6\exp(-0.026\ 2\tau^{0.51})$	-0. 968 6	要求 $|r| \geq 0.765$
373	$1 - \varepsilon = 1.018\ 3\exp(-0.088\ 7\tau^{0.51})$	-0. 991 2	要求 $|r| \geq 0.765$
393	$1 - \varepsilon = 1.038\ 3\exp(-0.108\ 5\tau^{0.51})$	-0. 987 7	要求 $|r| \geq 0.735$
413	$1 - \varepsilon = 0.968\ 0\exp(-0.178\ 2\tau^{0.51})$	-0. 992 8	要求 $|r| \geq 0.708$

对表 4 – 14 中各温度下的拟合方程进行相关性检验，显著性水平 α 选取 0. 01，经检验，满足相关性检验要求。

式 $\ln \bar{K} = a + b\dfrac{1}{T}$ 中各系数如表 4 – 15 所示。

表 4 – 15　公式系数表

a	b	r	S_y	tS_y
8. 995 2	-4. 388 6	-0. 955 2	0. 329 9	0. 963 2

$$\ln \bar{K} = a + b\frac{1}{T} = 8.995\ 2 - 4.386\ 2 \times \frac{1}{T} \times 10^3$$

置信水平为 95% 时的置信上限为

$$\ln \overline{K} = a + b \frac{1}{T} = 8.9952 + 0.9632 - 4.3862 \times \frac{1}{T} \times 10^3$$

将各老化温度下的老化速率 K 代入 Arrhenius 方程，拟合外推舰载储存温度时的拟合方程，以压缩永久变形率 $\varepsilon = 40\%$ 为减振器的储存寿命评估判据临界值，将其代入上式可得减振器在舰载储存温度下的寿命。

通过对材料减振器模拟件开展加速老化试验，舰载战备值班环境和舱室储存极值环境下达到减振器 40% 永久变形率时的储存寿命如表 4 – 16 所示（置信水平大于 0.95）。

表 4 – 16　极值环境储存寿命

储存环境	战备值班		舱室储存	
			普通舱室	空调舱室
温度/℃	51	30	40	25
减振器储存寿命/年	0.8467	5.3357	2.1534	8.5931

减振器寿命曲线如图 4 – 6 所示。

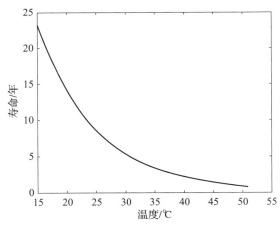

图 4 – 6　减振器寿命曲线

4.2.3　环氧灌封材料恒温热老化加速试验分析

灌封胶主要用于强化电子器件的整体性，可以增强对外来冲击、振动的抵抗力，其性能的好坏将对弹药整体可靠性产生影响。灌封胶在储存过程中会受到黏结部件冲击或拉伸的影响，随着储存的时间逐渐延长，环氧灌封材料的耐冲击性、抗拉伸性逐渐下降直至达到失效阈值，从而造成整体可靠性下降。本节对某型环氧灌封材料高温加速寿命试验结果进行分析，试验温度分别为 40 ℃、50 ℃、60 ℃、70 ℃、80 ℃，试验共进行 133 天，主要测试环氧灌封胶的拉伸强度以及冲击强度。

1. 试验数据分析

拉伸强度试样与冲击强度试样热氧老化过程测试结果分别如表 4 – 17 和表 4 – 18 所示。

表 4 – 17　拉伸强度试样热氧老化过程测试结果

老化时间/天	40 ℃拉伸强度/MPa	老化时间/天	50 ℃拉伸强度/MPa	老化时间/天	60 ℃拉伸强度/MPa	老化时间/天	70 ℃拉伸强度/MPa	老化时间/天	80 ℃拉伸强度/MPa
0	64.6	0	64.6	0	64.6	0	64.6	0	64.6
7	64.8	7	65.5	7	62.5	7	57.2	7	54.2
17	64.5	17	65.0	17	64.1	17	58.1	17	53.8
33	68.7	33	69.3	33	66.0	33	60.0	33	56.0
42	67.2	42	66.1	42	64.8	42	59.2	42	—
58	77.8	58	77.4	58	74.4	58	68.2	58	63.2
67	68.9	67	70.9	67	67.3	67	63.9	67	58.1
84	71.3	84	72.2	84	69.7	84	64.0	84	—
104	65.0	104	78.3	104	75.9	100	68.7	104	—
133	64.7	133	67.8	133	66.4	133	60.3	133	55.7
—	—	146	68.0	146	65.4	146	59.8	218	57.9
—	—	175	67.8	175	66.3	175	61.3	240	59.1
—	—	218	67.3	—	—	—	—		
—	—	240	65.5	—	—	—	—		

表 4 – 18　冲击强度试样热氧老化过程测试结果

老化时间/天	40 ℃冲击强度/(kJ·m^{-2})	老化时间/天	50 ℃冲击强度/(kJ·m^{-2})	老化时间/天	60 ℃冲击强度/(kJ·m^{-2})	老化时间/天	70 ℃冲击强度/(kJ·m^{-2})	老化时间/天	80 ℃冲击强度/(kJ·m^{-2})
0	55.9	0	55.9	0	55.9	0	55.9	0	55.9
7	46.45	7	45.3	7	—	7	42.266 67	7	41.4
17	41.6	17	38.3	17	37.966 67	17	37.8	17	37.1
33	42.833 33	33	39.9	33	37.6	33	36.3	33	34
42	—	42	40.7	42	37.65	42	33.65	42	—
58	41.233 33	58	38.6	58	—	58	—	58	33.8
67	38.04	67	36.875	67	34.35	67	32.666 67	67	—
84	39.7	84	—	84	32.8	84	37.6	84	29.7
104	36.2	104	37.45	104	38.6	100	32.3	100	—
133	37.7	133	34.7	133	—	133	—	133	29.95

通过试验数据分别绘制拉伸强度—时间曲线以及冲击强度—时间曲线，分别如图 4 – 7 和图 4 – 8 所示。

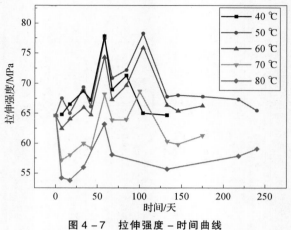

图 4 – 7　拉伸强度 – 时间曲线

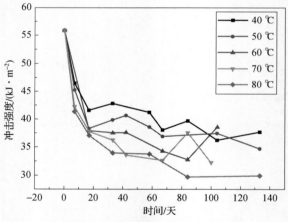

图 4 – 8　冲击强度 – 时间曲线

图 4 – 7 中数据波动非常大，函数拟合效果不好，并且无法直观地看出灌封胶的拉伸强度失效规律。从图 4 – 8 可以看出灌封胶冲击强度下降的规律，即下降速度先急后缓，最终趋于平稳。因此使用灌封胶冲击强度的退化参数进行寿命评估。根据表 4 – 18 所列灌封胶材料冲击强度老化试验结果，使用 GJB 92.2 热空气老化法测定硫化橡胶储存性能导则第二部分统计方法，对表 4 – 18 数据进行分析。依据不同时间点所测得的性能参数，计算出冲击强度保留率 p/p_0（p 为当前性能参数，p_0 为初始性能参数），绘制出 p/p_0 – t 曲线，如图 4 – 9 所示。

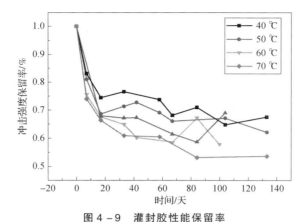

图 4 - 9　灌封胶性能保留率

　　对 5 个试验温度下的试验结果数据进行拟合，拟合结果如图 4 - 10 和表 4 - 19 所示。

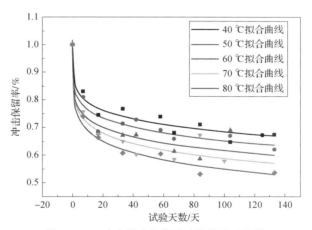

图 4 - 10　冲击强度老化试验数据处理结果

表 4 - 19　冲击强度保留率与时间拟合方程

温度/℃	拟合方程	相关系数
40	$p/p_0 = 1.012\ 1\mathrm{e}^{-0.155\ 7t^{0.2}}$	$r = -0.965\ 8$
50	$p/p_0 = 1.001\ 1\mathrm{e}^{-0.170\ 3t^{0.2}}$	$r = 0.962\ 9$
60	$p/p_0 = 0.982\ 9\mathrm{e}^{-0.186\ 0t^{0.2}}$	$r = 0.936\ 9$
70	$p/p_0 = 0.997\ 5\mathrm{e}^{-0.210\ 2t^{0.2}}$	$r = 0.952\ 1$
80	$p/p_0 = 1.016\ 7\mathrm{e}^{-0.244\ 9t^{0.2}}$	$r = 0.988\ 1$

选取衰减公式

$$p/p_0 = A\mathrm{e}^{-Kt^{0.2}}\qquad(4.7)$$

式中，A 为常数；K 为与温度有关老化速率常数；t 为老化时间。

Arrhenius 方程显示了老化速率常数 K 与温度之间的关系：

$$K = A\mathrm{e}^{-Q/kT}\qquad(4.8)$$

式中，K 为老化速率常数；A 为常数；Q 为表观活化能；k 为玻耳兹曼常数；T 为热力学温度。

对式（4.8）两边取对数，可得

$$\ln K = A + B/T\qquad(4.9)$$

将表 4 – 19 中的老化速率代入式（4.17），求解出其老化速率与温度之间的加速寿命方程：

$$\ln K = 2.036\,4 - 1.227\,2\,\frac{1}{T}\times 10^3\qquad(4.10)$$

灌封胶老化速率拟合图像如图 4 – 11 所示。

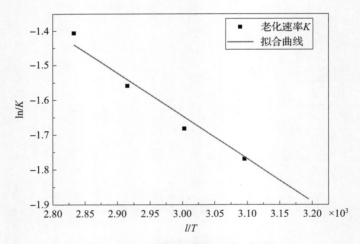

图 4 – 11　灌封胶老化速率拟合图像

2. 寿命预估

参考 GB/T 11026.2—2000 并结合环氧灌封材料加速老化寿命评估的相关文献报道，设定材料失效终点的标准为：冲击强度降低到初始值的 50%，通过加速寿命模型拟合，得到灌封胶在性能保留率为 50% 时，温度—寿命变化曲线，如图 4 – 12 所示。

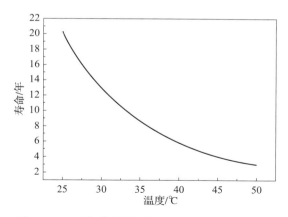

图 4 - 12　环氧灌封胶储存寿命与温度的变化曲线

由图 4 - 12 可以看出，灌封胶的预估寿命随着温度的增长逐渐变小，甲板存放环境和舱室储存极值环境下的储存寿命，如表 4 - 20 所示。

表 4 - 20　灌封胶极值环境储存寿命预估

储存环境	甲板存放	舱室储存	
		普通舱室	空调舱室
极值	高温 51 ℃	高温 40 ℃	高温 30 ℃
储存寿命/年	2.83	5.50	10.50

|4.3　典型火工品可靠性分析|

火工品是弹药的重要部件，其性能好坏直接影响弹药作用的发挥。由于弹药火工品容易受潮变质，也是一类典型薄弱件。弹药用火工品种类很多，本节选取某型电雷管为例，介绍可靠性试验分析方法。

电雷管作为弹药的起爆部件，作用十分关键，影响到整弹能否正常执行任务。因此在设计之初，电雷管就被设计成为高可靠度部件，所以很难从常规储存环境中获得其寿命数据来进行可靠性研究；同时，由于电雷管的自身特性使得无法用常规手段检测其退化型数据，往往是通过观测发火性来获得寿命数据。本节对某型电雷管步进加速寿命试验结果进行分析，以威布尔分布作为寿命分布模型，通过极大似然估计法对其进行可靠性评估。

某型电雷管步进加速寿命试验温度分别为 65 ℃、70 ℃、75 ℃、80 ℃，试验过程如图 4 – 13 所示。

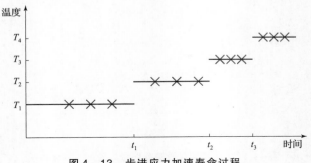

图 4 – 13　步进应力加速寿命过程

依照该电雷管的出厂验收内容，设置了 5 个检测项目，即电阻、安全电流、发火试验、作用时间和输出能量。检测时，先进行电雷管的"电阻检测"和"安全电流检测"，合格的样品再进行"发火性试验""作用时间"和"输出能量"检测，5 个试验项目共用同一样品，只有当全部试验项目检验合格时，才能判定该电雷管性能合格。

某型电雷管不同加速寿命试验数据如表 4 – 21 所示。

表 4 –21　某型电雷管在不同加速寿命试验数据

应力	T_1（65 ℃）			T_2（70 ℃）			T_3（75 ℃）			T_4（80 ℃）		
时间/h	1800	1200	600	1 080	720	360	720	480	240	360	240	120
数量	15	15	15	15	15	15	15	15	15	15	15	15
失效数	0	0	0	0	0	0	0	0	0	0	1	2

高温步进加速寿命试验中，各应力阶段中薄弱件的寿命分布方式相同，对于电雷管来说，其寿命分布方式主要为威布尔分布。每一等级应力下威布尔分布的参数与温度之间符合一定的函数关系，可以将威布尔分布中的参数通过加速寿命模型进行拟合，外推出常规应力下的分布参数，从而完成对研究对象的可靠性评估。本书中的加速应力只考虑温度，所以采用 Arrhenius 模型：

$$\eta = \exp\left(a + \frac{b}{T + 273.15}\right) \tag{4.11}$$

由 Nelson 累积失效理论可知，假设薄弱件在 S_l 应力下工作相间 t_l 相当于在 S_i 水平应力下工作时间 t_{li}，其累积失效概率分别为 $F(t_l)$、$F(t_{li})$，即 $F(t_l) =$

$F(t_{li})$，如图 4 - 14 所示。

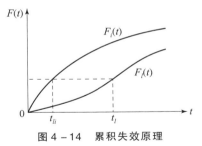

由 $F(t_l) = F(t_{li})$ 可得

$$1 - \exp\left[-\left(\frac{t_l}{\eta_l}\right)^m\right] = 1 - \exp\left[-\left(\frac{t_{li}}{\eta_{li}}\right)^m\right]$$

$$(4.12)$$

将式（4.12）化简可得

$$t_{li} = \frac{t_l \cdot \eta_i}{\eta_l} \qquad (4.13)$$

图 4 - 14　累积失效原理

将式（4.11）代入式（4.13）可得

$$t_{li} = t_l \exp\left[b \cdot \left(\frac{1}{T_{li} + 273.5} - \frac{1}{T_l + 273.5}\right)\right] \qquad (4.14)$$

将式（4.14）应用在步进加速寿命模型中，即可得到不同应力下的累积分布函数：

$$\begin{cases} F_1(x) = 1 - \exp\left[-\left(\dfrac{x}{\eta_1}\right)^m\right], 0 < x \leqslant t_1 \\[3mm] F_2(x) = 1 - \exp\left[-\left(\dfrac{x - t_1 + t_{12}}{\eta_2}\right)^m\right], t_1 < x \leqslant t_2 \\[3mm] F_3(x) = 1 - \exp\left[-\left(\dfrac{x - t_2 + t_{23} + t_{13}}{\eta_3}\right)^m\right], t_2 < x \leqslant t_3 \\[3mm] F_4(x) = 1 - \exp\left[-\left(\dfrac{x - t_3 + t_{34} + t_{24} + t_{14}}{\eta_4}\right)^m\right], t_3 < x \leqslant t_c \end{cases} \qquad (4.15)$$

$F_1(x)$、$F_2(x)$、$F_3(x)$、$F_4(x)$ 分别表示在温度应力水平 T_1、T_2、T_3、T_4 下的累积分布函数；

对应的概率密度函数为

$$\begin{cases} f_1(x) = \dfrac{m}{\eta_1}\left(\dfrac{x}{\eta_1}\right)^{m-1}\exp\left[-\left(\dfrac{x}{\eta_1}\right)^m\right], 0 < x \leqslant t_1 \\[3mm] f_2(x) = \dfrac{m}{\eta_2}\left(\dfrac{x - t_1 + t_{12}}{\eta_2}\right)^{m-1}\exp\left[-\left(\dfrac{x - t_1 + t_{12}}{\eta_2}\right)^m\right], t_1 < x \leqslant t_2 \\[3mm] f_3(x) = \dfrac{m}{\eta_3}\left(\dfrac{x - t_2 + t_{23} + t_{13}}{\eta_3}\right)^{m-1}\exp\left[-\left(\dfrac{x - t_2 + t_{23} + t_{13}}{\eta_3}\right)^m\right], t_2 < x \leqslant t_3 \\[3mm] f_4(x) = \dfrac{m}{\eta_4}\left(\dfrac{x - t_3 + t_{34} + t_{24} + t_{14}}{\eta_4}\right)^{m-1}\exp\left[-\left(\dfrac{x - t_3 + t_{34} + t_{24} + t_{14}}{\eta_4}\right)^m\right], t_3 < x \leqslant t_c \end{cases}$$

$$(4.16)$$

式中，$f_1(x)$、$f_2(x)$、$f_3(x)$、$f_4(x)$ 分别表示在温度应力水平 T_1、T_2、T_3、T_4 下的概率密度函数。

依据式（4.16）不难写出样本的极大似然估计函数（x_{ij} 属于第 i 个区间段）：

$$L = \prod_{i=1}^{k} \prod_{j=1}^{q} f_i(x_{ij})^{r_{ij}} \cdot (1 - F(x_j))^{n-r_{ij}} \tag{4.17}$$

对数似然函数为

$$\ln L = \sum_{i=1}^{k} \sum_{j=1}^{q} \{ r_{ij} \ln [f_i(x_{ij})] + (n - r_{ij}) \ln [1 - F(x_{ij})] \} \tag{4.18}$$

将式（4.16）与式（4.16）代入式（4.18），并写出其似然方程组

$$\begin{cases} \dfrac{\partial \ln L}{\partial a} = 0 \\[2mm] \dfrac{\partial \ln L}{\partial b} = 0 \\[2mm] \dfrac{\partial \ln L}{\partial m} = 0 \end{cases} \tag{4.19}$$

通过对式（4.19）使用迭代法即可算出其参数的估计值 $\hat{a}$、$\hat{b}$、$\hat{m}$。将值代入威布尔分布模型和 Arrhenius 模型即可求解出其可靠度及预估寿命。

在置信水平为 95%，可靠度为 95% 的情况下，其加速寿命曲线如图 4 - 15 所示，舰船极值温度环境寿命如表 4 - 22 所示。

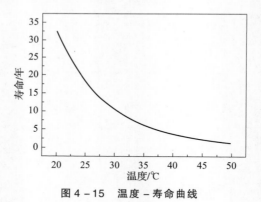

图 4 - 15　温度 - 寿命曲线

表 4 - 22　电雷管极值环境储存寿命

储存环境	甲板存放	舱室储存	
		普通舱室	空调舱室
极值	高温 51 ℃	高温 40 ℃	高温 30 ℃
储存寿命/年	1.12	3.57	10.4

|4.4　典型电子元器件加速试验分析|

对主控计算机、电动舵机、电气系统中的典型电子元器件进行高温步进加速寿命试验，试验应力及持续时间如表 4 – 23 所示。

表 4 – 23　步进加速寿命试验条件

温度应力等级	T_1	T_2	T_3	T_4
温度/℃	135	150	165	180
时间/h	960	1 440	840	480

典型电子元器件的高温步进加速寿命试验结果，如表 4 – 24 所示。

表 4 – 24　典型电子元器件的高温步进加速寿命试验结果

编号	元器件名称	数量	失效数量			
			135 ℃	150 ℃	165 ℃	180 ℃
1	精密金属膜电阻器	28	—	故障 2 件	—	故障 5 件
2	钽电解电容	11	—	—	—	故障 6 件
3	电感器	30	—	故障 5 件	故障 1 件	—
4	二极管	28	—	故障 1 件	—	—
5	固态继电器	12	—	—	故障 10 件	故障 2 件

计算得到其温度 – 寿命曲线如图 4 – 16 所示。

如图 4 – 16 所示，随着温度的逐渐增加，典型电子元器件的寿命呈对数形式减小，舰船环境下的极值环境储存寿命如表 4 – 25 所示。

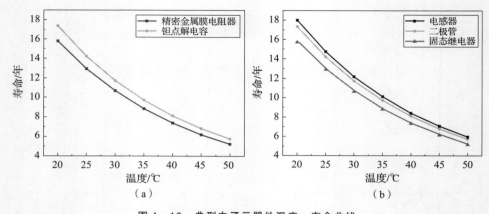

图 4 – 16　典型电子元器件温度 – 寿命曲线

（a）电阻、电容；（b）电感、二极管、固态继电器

表 4 – 25　典型电子元器件极值环境储存寿命预估

储存环境	名称	质量等级	甲板存放	舱室储存	
				普通舱室	空调舱室
极值			高温 51 ℃	高温 40 ℃	高温 30 ℃
储存寿命/年	精密金属膜电阻器	GJB	5.49	8.02	11.58
	钽电解电容器	A2	5.57	8.12	11.72
	电感器	普军	5.06	7.39	10.67
	二极管	G	5.56	8.11	11.71
	固态继电器	普军	5.05	7.37	10.64

4.5　扭压弹簧加速储存试验分析

　　扭压弹簧在使用过程中常处于定向压缩状态，因此弹簧会出现应力松弛现象，主要表现为弹簧在定向压缩后有相应的初始应力，随着时间的推移，初始应力按照一定的规律逐渐减小。当应力值逐渐缩小到无法满足执行任务的要求时，弹簧判定为失效。

　　将某型扭压弹簧压缩至其正常工作长度，对其进行高温恒加速寿命试验，试验温度分别为 120 ℃ 、160 ℃ 、200 ℃ 、240 ℃ ，每种应力下的试验时长为 27 h 。

在不同的加速温度应力试验点 $T_i(i=1,2,3,4)$ 下，保温 $t_j(j=1,2,\cdots,10)$ 时间后，测试扭压弹簧压缩至 17 mm 时压力 P_{ij}。计算压缩负荷损失率：

$$\Delta P_{ij}/P_0 = (P_0 - P_{ij})/P_0 \qquad (4.20)$$

扭压弹簧的失效判据：17 mm 时的压力为 (55.9 ± 9) N ，若不满足即为失效，即压缩负荷损失率 $\Delta P > 16.363\%$ 。

1. 弹簧失效分析方法

弹簧应力松弛速率的快慢是评价弹簧储存寿命的重要指标，某型弹簧典型应力松弛曲线如图 4 – 17 所示，图 4 – 18 为负荷损失率 $\Delta P/P0 \times 100\%$ 与松弛时间对数 $\ln t$ 的关系。

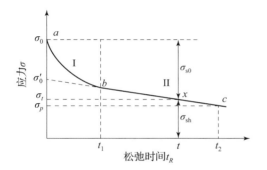

图 4 – 17 弹簧典型应力松弛曲线 　　　图 4 – 18 负荷损失率与松弛时间对数关系

如图 4 – 17 所示，弹簧应力松弛分为两个阶段：第一阶段，即 ab 段，弹簧应力松弛初始阶段，其应力松弛速率较快，持续时间较短；第二阶段，即 bc 段，这时弹簧的负载力由快速下降转换为稳步下降，并随着时间的推移其应力逐渐趋近于一个稳定值，这一阶段的持续时间很长。

弹簧的应力松弛率表示为

$$\begin{cases} \Delta P/P_0 \\ \Delta P = P_0 - P_t \end{cases} \qquad (4.21)$$

式中，P_0 为弹簧初始负载时的应力；P_t 为弹簧任意时刻的应力。

由图 4 –18 知弹簧第二阶段中的应力松弛率 $\Delta P/P_0$ 与松弛时间 t_R 符合以下关系：

$$\Delta P/P_0 = A + B\ln t_R \qquad (4.22)$$

式中，$\Delta P/P_0$ 为负荷损失率；A、B 为与温度有关的松弛系数，可由 Arrhenius

公式推导出。

因为弹簧应力松弛第二阶段的松弛时间长，而且松弛速率稳定，所以通常以第二阶段来表征弹簧的应力松弛情况。

2. 弹簧加速寿命模型建立

弹簧的应力松弛在微观中表示为金属晶体位错的热激活过程，而克服晶体之间的相互作用、阻碍，引起晶体间发生位错需要一定的能量，这就是激活能 Q。通常认为松弛率 v_S、温度 T 以及位错越过障碍所需的激活能 Q 之间满足 Arrhenius 公式：

$$v_S = \gamma e^{\frac{-Q(\tau')}{kT}} \tag{4.23}$$

式中，$Q(\tau*)$ 为某一应力作用下，位错突破障碍所需的激活能（eV）；γ 为一特定常数；T 是热力学温度（K）；k 为玻耳兹曼常数（$k = 8.6 \times 10 - 5 \text{eV/K}$）；$v_S$ 为应力松弛速率，可以定义为

$$v_S = \frac{d(\Delta P/P_0)}{d(\ln t_R)} \tag{4.24}$$

式中，t_R 为松弛时间；P_0 为弹簧的初始载荷；$\Delta P = P_t - P_0$ 为弹簧的负荷损失。

对式（4.24）两边取对数，可得

$$\ln v_S = \ln \gamma - \frac{Q}{k} \frac{1}{T} \tag{4.25}$$

因此，在 $\ln v_S \propto \frac{1}{T}$ 的关系中，应力松弛率自然对数同温度的倒数成线性关系。

通过以上分析，确定不同温度下的应力松弛速率与温度之间的关系后，根据式（4.24）就可求出激活能。取一个加速寿命试验中的高环境温度应力 T_2 与常规舰船环境下的温度应力 T_1 的应力松弛速率相比，可得到如下关系：

$$\frac{v_{S(\text{舰船温})}}{v_{S(\text{高温})}} = \frac{e^{\frac{-Q}{kT_1}}}{e^{\frac{-Q}{kT_2}}} T_1 \tag{4.26}$$

舰船温度 T_1 条件下的应力松弛率为

$$v_{S(\text{室温})} = e^{\frac{Q}{k}\left(\frac{1}{T_2} - \frac{1}{T_1}\right)} v_{S(\text{高温})} \tag{4.27}$$

这时所求出的 v_S（室温）的值也就是弹簧在工作载荷、舰船温度 T_1 下应力松弛第二阶段方程 $\Delta P/P$（室温）$= A$（室温）$+ B$（室温）$\ln t_R$ 中的系数 B（室温）。

另一方面，根据式 $\Delta P/P = A + B\ln tR$ 的特点，如果将 $t_R = 1 \text{ h}$ 代入即可以到

$$A = \Delta P/P_0 \big|_{t_R = 1(\text{h})} \tag{4.28}$$

所以，松弛方程 $\Delta P/P = A + B\ln t_R$ 中的系数 A 就可以认为是弹簧在应力松弛 1 h 后的应力松弛率，即

$$A = \int_0^1 \nu_s \mathrm{d}t = \int_0^1 \gamma \mathrm{e}^{\frac{-Q}{kT}} \mathrm{d}t = \gamma \mathrm{e}^{\frac{-Q}{kT}} \qquad (4.29)$$

对式（4.29）两边取对数可得

$$\ln A = \left(\ln \gamma - \frac{Q}{k} \cdot \frac{1}{T} \right)\bigg|_{t_R = 1(\mathrm{h})} \qquad (4.30)$$

经过加速寿命试验之后，通过对不同温度下的应力松弛速率的自然对数与温度倒数进行拟合，可以得到其函数关系并外推出应力松弛第二阶段公式（4.21）中的 B（室温）值。同理，通过拟合不同温度下 1 h 后的应力松弛率，可以得到应力松弛率与温度之间的函数关系，从而可以得到舰船环境下的 A（室温）。

将所求得的舰船环境下的参数 A（室温）、B（室温）代入式（4.21）可以得到舰船环境下应力松弛率 – 时间方程，根据这个方程可以测得不同时间下的弹簧应力松弛率，根据产品的设计要求可以得到弹簧达到失效时的应力松弛率阈值，通过式（4.21）可以反求出其预期的工作寿命，从而完成对弹簧薄弱件的寿命评估。

扭压弹簧储存载荷为 55.9 N 时，在 120 ℃，160 ℃，200 ℃，240 ℃四个温度下的载荷—时间曲线如图 4 – 19 所示，可以看到随着试验温度的增加，弹簧初始的应力松弛速率逐渐加快。

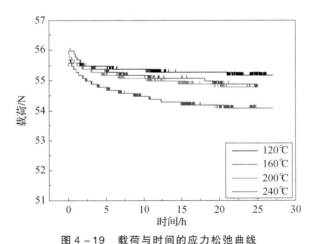

图 4 – 19　载荷与时间的应力松弛曲线

取同状态下各试验数据的平均值绘图，结果如图 4 – 19 所示，曲线呈现台阶状，对曲线进行光滑处理后如图 4 – 20 所示。

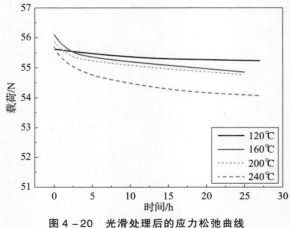

图 4 - 20　光滑处理后的应力松弛曲线

　　图 4 - 21 所示为负荷损失率与时间的半对数曲线，由图可见曲线呈现比较明显的两阶段松弛特征。

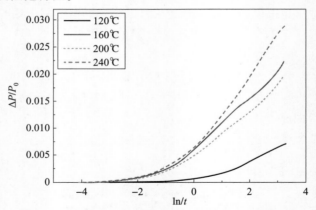

图 4 - 21　负荷损失率与时间的半对数曲线

　　通过应力松弛方程的推理，使用 MATLAB 软件对扭压弹簧两个应力松弛阶段的数据进行拟合，得到两阶段的回归方程，如表 4 - 26 所示。

表 4 - 26　扭压弹簧应力松弛曲线的回归方程

序号	$T/℃$	第一阶段回归方程	第二阶段回归方程
1	120	$\Delta P/P = 0.000\ 2 + 0.000\ 055\ln t$	$\Delta P/P = 0.001\ 41 + 0.002\ 6\ln t$
2	160	$\Delta P/P = 0.001\ 31 + 0.000\ 34\ln t$	$\Delta P/P = 0.004\ 84 + 0.004\ 13\ln t$
3	200	$\Delta P/P = 0.00\ 159 + 0.000\ 42\ln t$	$\Delta P/P = 0.006\ 03 + 0.004\ 73\ln t$
4	240	$\Delta P/P = 0.001\ 86 + 0.000\ 48\ln t$	$\Delta P/P = 0.004\ 27 + 0.007\ 72\ln t$

以应力松弛第二阶段方程为主,通过式（4.24）得出的应力松弛速率自然对数与温度倒数之间的线性关系,可以建立其线性方程,线性拟合结果为

$$\ln v_s = -1.614 - 1.705(1/T \times 10^3) \tag{4.31}$$

弹簧松弛率与温度的关系如图 4-22 所示。以此为基础,可以外推出不同温度下的应力松弛速率,在室温 25 ℃下的应力松弛速率 $B = 0.000\,65$。

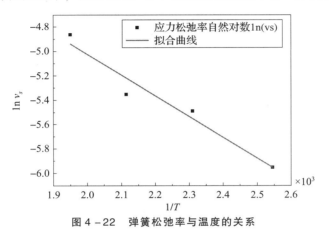

图 4-22　弹簧松弛率与温度的关系

图 4-23 所示为弹簧 1 h 后的松弛率与温度倒数之间的关系,因为数据线性关系较差,需要进行更多的试验,通过拟合曲线可得 25 ℃时 A（室温）为 0.000 4。

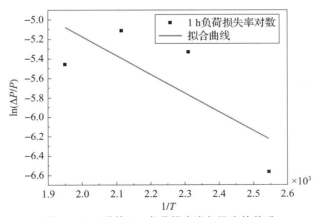

图 4-23　弹簧 1 h 负荷损失率与温度的关系

根据以上数据,可得到扭压弹簧在室温 25 ℃下应力松弛方程为

$$\Delta P/P = 0.000\,4 + 0.000\,65\ln t \tag{4.32}$$

利用式（4.32）可以对弹簧在室温 25 ℃条件下的储存寿命进行预测。假

设弹簧在室温 25 ℃ 条件下储存，其储存 12 年后的应力松弛率为 0.79%，远低于扭压弹簧的失效阈值；其高温 51 ℃ 下储存 12 年时的应力松弛率为 1.26%，远低于失效阈值。

|4.6 加速度计加速退化试验分析|

针对某型加速度计的高温步进加速寿命试验结果进行寿命评估，试验温度及试验时间如表 4 - 27 所示。

表 4 - 27 加速度计试验方案

温度应力等级	T_1	T_2	T_3	检测间隔时间
温度/℃	65	75	85	4
时间/h	1 200	840	720	

在测量过程中记录其偏值（$K_0(g)$）、标度因数（$K_1(mA/g)$）两种性能参数，进而建立其退化模型，具体步骤如下。

1. 将测量数据折合为恒定应力下的性能退化数据

设 $A_j(j = 1, 2, \cdots, n)$ 为第 j 个样品的初始性能值，$y_{ij}(i = 1, 2, \cdots, k)$ 为第 j 个样品的在第 i 个应力下性能测量值，$y_{mj}(m = 1, 2, \cdots, i - 1)$ 为前 m 个应力水平下薄弱件的性能退化量。第 j 个样品在 t 时刻的步进应力退化数据转化为恒定应力退化数据的折算公式为

$$cy_{ij}(t) = A_j - y_{ij}(t) + y_{mj} \tag{4.33}$$

通过转化，可以将步进加速应力性能退化数据对 $(t_{ij}, y_{ij}(t))$ 转化为恒定应力性能退化数据对 $(t_{ij}, cy_{ij}(t))$。

依据转化后的性能退化数据对 $(t_{ij}, cy_{ij}(t))$，拟合各应力水平下样本的性能退化轨迹模型：

$$y_i = \alpha_i + \beta_i t \tag{4.34}$$

2. 失效寿命分布确定

根据退化轨迹模型，结合退化阈值求解出样本在温度应力 S_i 下的伪失效

寿命值 T_i。通过进行分布假设检验，发现产品的伪失效寿命服从威布尔分布。

$$F(t) = 1 - e^{-(\frac{t}{\eta})^m} \tag{4.35}$$

式中，m 是形状参数；η 为尺度参数（或称特征寿命）。

由分布函数估计的各应力水平下的分布参数如表 4 – 28 所示。

表 4 – 28　步进应力水平下的寿命分布参数

温度/℃	尺度参数 η	形状参数 m
65	25 287.6	2.730 29
75	17 079.1	2.309 55
85	7 364.29	2.55 104

3. 确定加速模型

产品特征寿命 η 与温度之间满足 Arrhenius 模型：

$$\eta = A \cdot e^{(\frac{Ea}{kS})} \tag{4.36}$$

式中，E_a 为激活能；k 为玻耳兹曼常数；S 为环境温度；A 为待定系数。

对式（4.36）两边取对数可得

$$\ln \eta = a + \frac{b}{S} \tag{4.37}$$

根据表 4 – 28 中不同应力水平与尺度参数 η 的值，运用最小二乘法拟合加速模型中的参数 a 和 b，得到 $a = -11.79$，$b = 7\,442$。

将参数代入式（4.37），得加速方程：

$$\ln \eta = -11.79 + \frac{7\,442}{S} \tag{4.38}$$

4. 确定储存可靠度方程

给定时间 t 的产品可靠度为

$$\hat{R}(t) = \exp\left\{ -\left\{ \frac{t}{\hat{\eta}} \right\}^{\hat{m}} \right\} \tag{4.39}$$

给定可靠度 R，对应的加速度计储存寿命为

$$t = (-\ln R)^{\frac{1}{\hat{m}}} \hat{\eta} \tag{4.40}$$

根据前面分析程序，可靠度为 0.90 时，加速度计储存寿命与温度的变化曲线如图 4 – 24 所示，由图可知其在常温下储存寿命大于 10 年。通过加速寿

命模型拟合，得到温度 – 寿命曲线如图 4 – 24 所示，极值环境下的寿命预估如表 4 – 29 所示。

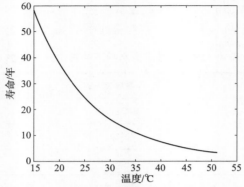

图 4 – 24　加速度计温度与储存寿命的变化曲线

表 4 – 29　加速度计极值环境寿命预估

储存环境	甲板存放	舱室储存	
		普通舱室	空调舱室
极值	高温 51 ℃	高温 40 ℃	高温 30 ℃
储存寿命/年	3.32	7.43	16.28

|4.7　热电池加速老化试验分析|

对某型热电池恒应力高温加速寿命结果进行分析，试验温度为 71 ℃，持续时间为 31 天，热电池合格判据如表 4 – 30 所示，加速寿命试验结果如表 4 – 31 所示。

表 4 – 30　热电池合格判据

激活时间/h	工作时间/h	峰值电压 V	脉冲电压/V	
			150 A	80 A
≤1.5	≥220	≤44	≥24	≥30

表 4 - 31　热电池加速寿命试验结果

测试参数	激活时间/h	工作时间/h	峰值电压/V	脉冲电压/V	
				150 A	80 A
	≤1.5	≥220	≤44	≥24	≥30
未加速老化之前					
高温 50 ℃	0.25	363	42.12	36.22	37.94
高温 50 ℃	0.32	358	42.20	36.19	37.67
平均值	0.29	360.5	42.16	36.21	37.81
经 71 ℃加速老化 31 天					
高温 50 ℃	0.32	357	41.92	36.37	38.02
高温 50℃	0.28	358	41.88	35.86	37.81
平均值	0.3	357.5	41.90	36.12	37.92

计算得到热电池温度—寿命曲线如图 4 - 25 所示，极值环境下的预估寿命
如表 4 - 32 所示。

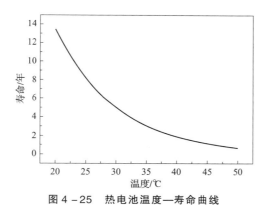

图 4 - 25　热电池温度—寿命曲线

表 4 - 32　热电池极值环境寿命预估

储存环境	甲板存放	舱室储存	
		普通舱室	空调舱室
极值	高温 51 ℃	高温 40 ℃	高温 30 ℃
储存寿命/年	0.62	1.85	4.98

第 5 章

弹药典型薄弱件仿真分析

弹 药在轮船、公路、铁路等环境下长时间运输中，对于处于密闭包装中的弹药，运输中容易受到温度、振动等环境力的影响。弹药中的铆钉、弹簧、橡胶减振器等薄弱件在温度－振动双环境力下容易出现疲劳问题，影响弹药的可靠性。

为此，本章基于 ANSYS 仿真软件中的 Workbench 工程技术仿真集成平台，利用其中的瞬态分析、热力学分析、热力耦合分析等模块，分别对弹簧、铆接板、橡胶减振器进行温度—振动双环境力仿真分析。按照仿真对象选取、分析模块选择、仿真模型构建、约束及载荷设置和仿真结果分析的方法对这些典型弹药薄弱件开展仿真。

|5.1　弹簧温度—振动双环境力仿真分析|

弹药引信、尾翼等部件中应用了大量弹簧元件，对于温度 – 振动双环境力，弹簧是一种薄弱件，为此本节利用仿真方法对弹簧温度—振动双环境力进行分析。

5.1.1　仿真对象

以弹药中常见的引信弹簧为例，其长度为 10 mm，螺距 1 mm，弹簧直径 1 mm，旋转半径 2.5 mm，为了与实际情况相符，在两端添加厚度为 1 mm，直径为 5.5 mm 的挡板。具体模型如图 5 – 1 所示，其材料为结构钢，基本属性如下：弹性模量 $E = 2 \times 10^{11}$ MPa，泊松比 $\mu = 0.3$，密度 $\rho = 7.85 \times 10^{3}$ kg/m³。

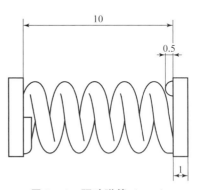

图 5 – 1　驱动弹簧（mm）

5.1.2　分析模块选择

对于弹药弹簧，由于其在运输过程中受到温度、振动等随时间变化的外部载荷的动力学响应，为此选用瞬态分析模块进行仿真，可以得出其在静态、瞬态以及简谐载荷或者它们共同作用下的结构内部随时间变化的位移、应力等结果。在 ANSYS Workbench 中创建瞬态分析项目 Transient Structural，过程如图 5 – 2 所示。

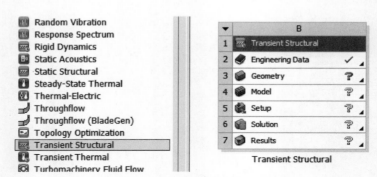

图 5 – 2 瞬态动力学分析模块选择

5.1.3 仿真模型构建

ANSYS 可以识别导入几乎所有主流 CAD 软件创建的模型，因此对于弹簧模型构建我们采用模型导入、材料属性设置、网格划分的步骤构建。

1. 模型导入

利用 CAD 建模软件完成图 5 – 2 所示弹簧模型的建立，并导入至 ANSYS Workbench 的 Transient Structural 中的 Geometry 模块，如图 5 – 3 所示。

图 5 – 3 弹簧模型

2. 材料属性设置

在 Engineering Data 中设置弹簧材料结构钢的属性，如图 5 – 4 所示。

3. 网格划分

进入 Mesh 划分步骤，插入 Body Size，在 Element Size 中将网格单元大小设置为 0.2 mm，同时插入网格划分方法 Method，选择自动网格划分 Automatic，此模型共划分为 69 519 个单元，如图 5 – 5 所示。

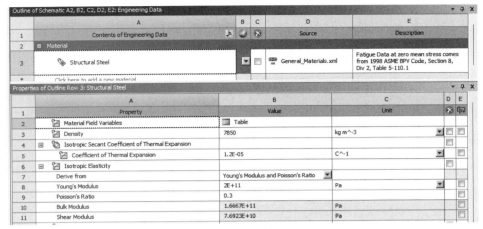

图 5 - 4　材料属性设置

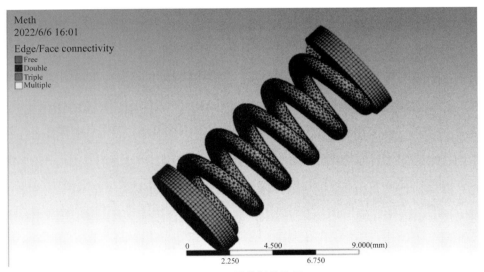

图 5 - 5　网格划分结果

5.1.4　约束及载荷设置

由于弹药弹簧在实际工作中一端处于固定状态，因此需要在其一端施加固定约束，同时考虑到弹药在运输过程中受到温度 – 振动双环境力影响，还需要加载温度载荷和振动载荷。

1. 固定约束加载

在工具栏中选择 Support→Fixed Support，在弹出的详细设置窗口选择弹簧底面并确认，即将底部所有自由度约束，弹簧一端固定。如图 5 − 6 所示。

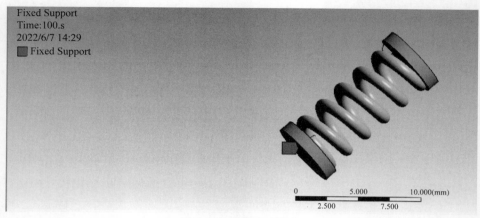

图 5 − 6　施加固定约束

2. 温度载荷加载

利用热分析模块，对弹簧模型施加温度载荷，模块默认初始温度设置为 22 ℃，如图 5 − 7 所示。

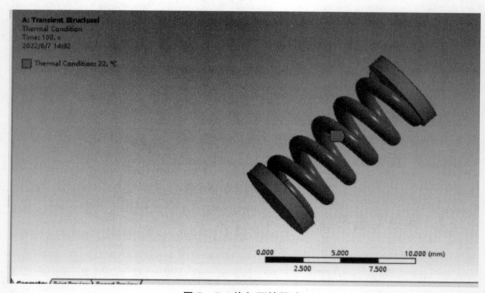

图 5 − 7　施加环境温度

3. 振动载荷加载

对于舰载弹药上的弹簧，根据 GJB 2208—1994 舰载导弹发射最低安全要求，舰载弹药可能受到的舰船振动影响的振动频率最大值为 60 Hz，加速度峰值 10 m/s²。因此可以采用在弹簧一端施加正弦力的方式，模拟其受到的振动环境。假设弹簧前物块质量 0.02 kg，根据正弦力公式

$$F = A\sin(\omega t) \tag{5.1}$$

其中，正弦力幅值 $A = F_{max} = m \times a_{max} = 0.02 \times 10 = 0.2\,N$，$\omega = 2\pi f = 2 \times 3.14 \times 60 = 376.8\,Hz$。可得 $F = 0.2\sin(376.8 \times t)$。振动载荷施加情况如图 5 – 8 所示。

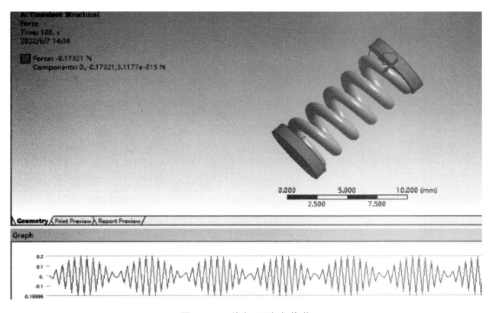

图 5 – 8　施加正弦力载荷

5.1.5　仿真结果分析

基于所建立的弹簧仿真模型，对其在温度—振动双环境力下的仿真结果进行分析。在保持弹簧振动正弦力载荷不变的情况下，分析弹簧在不同温度下的响应情况。根据舰载弹药储存环境温度的极值情况，分析弹簧在 – 38 ℃、– 10 ℃、30 ℃、40 ℃、51 ℃ 共 5 个环境温度下弹簧疲劳寿命结果，分析结果如图 5 – 9 ~ 图 5 – 18 及表 5 – 1 所示。

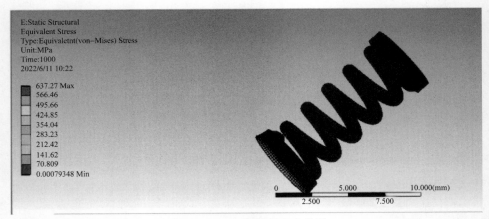

图 5 - 9　-38 ℃环境应力云图

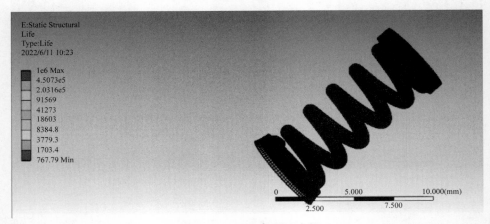

图 5 - 10　-38 ℃循环次数

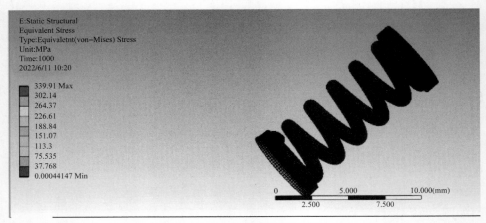

图 5 - 11　-10 ℃环境应力云图

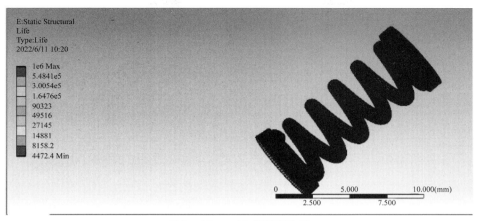

图 5 – 12　－10 ℃循环次数

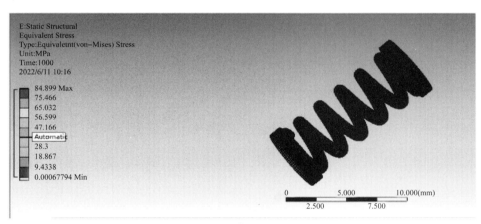

图 5 – 13　30 ℃环境应力云图

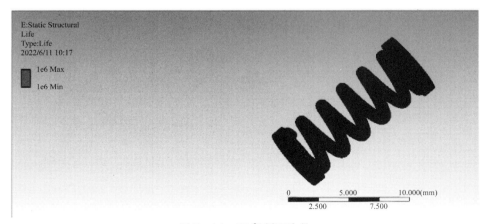

图 5 – 14　30 ℃循环次数

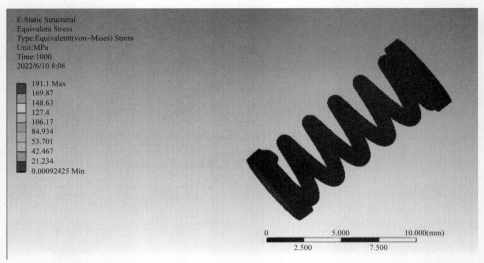

图 5 – 15　40 ℃环境应力云图

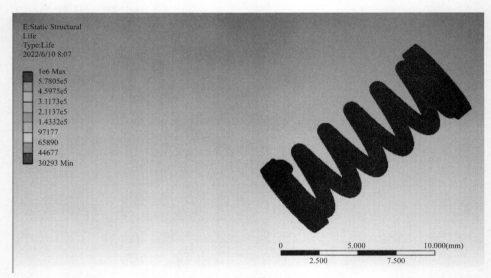

图 5 – 16　40 ℃循环次数

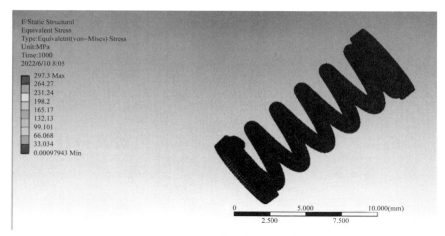

图 5 - 17　51 ℃环境应力云图

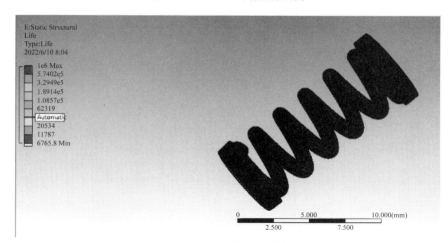

图 5 - 18　51 ℃循环次数

表 5 - 1　弹簧循环次数与温度对应关系

环境温度/℃	最大压应力/MPa	循环次数	疲劳寿命/s
- 38	637.27	767	13
- 10	339.91	4 472	75
30	84.89	>10^6	>16 667
40	191.10	30 293	505
51	297.30	6 765	113

根据图 5 - 9 ~ 图 5 - 18 和表 5 - 1 可知，在 30 ℃时，弹簧寿命最长，可以达到 16 667 s 以上，在高温、低温条件下，弹簧疲劳寿命出现不同程度减小，低温对弹簧疲劳寿命影响尤其明显，符合理论预测结果，验证了模型的正确性。

|5.2 铆钉温度—振动双环境力仿真分析|

铆接连接件具有力学性能好、成本低、使用环境适用性强等优点，广泛应用于航空弹药上，为此对其进行双环境力仿真分析。

5.2.1 仿真对象

简化典型弹药中的铆接薄弱件，其结构如图 5 - 19 所示。铆接板和铆钉所采用的材料分别为铝合金；铆钉采用凸头铆钉，结构形式如图 5 - 20 所示。铆接板单片板厚度 t 为 2 mm，长度 L 为 220 mm，宽度 W 为 70 mm。铆钉直径 d 设置为 4 mm。铆接板由 2 mm 厚单板装配而成，铆接区采用 3 排 3 列形式，铆钉间距 ΔL 为 20 mm，沿板长方向的边距 L_d 为 10 mm，沿板宽方向的边距 B_d 为 15 mm。

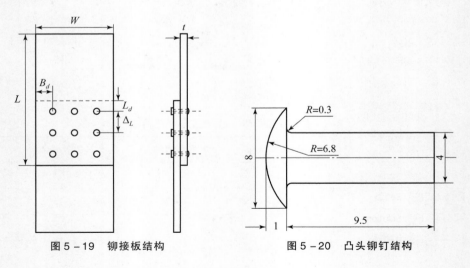

图 5 - 19 铆接板结构　　　　　图 5 - 20 凸头铆钉结构

铆接板与铆钉所用材料分别使用铝合金 2024 - T3 和 2117 - T4，其中 T3 表示固溶热处理后冷加工，再经自然时效至基本稳定的状态；T4 表示固溶热处理经自然时效达到基本稳定状态。两种材料的化学成分如表 5 - 2 所示，基本物理属性如表 5 - 3 所示。

表 5 - 2　铝合金化学成分（百分比）

成分 材料	Al	Si	Fe	Cu	Mn	Mg	Cr	Ni	Zn	Ti
2024 - T3	90.7 ~ 94.7	0.5	0.5	3.8 ~ 4.9	0.3 ~ 0.9	1.2 ~ 1.8	0.1	0.1	0.3	0.15
2117 - T4	94.3 ~ 97.6	0.8	0.7	2.2 ~ 3.0	0.2	0.2 ~ 0.5	0.1	0.25		

表 5 - 3　铝合金基本物理属性

材料	密度 ρ/ $(g \cdot cm^{-3})$	弹性模量 E/MPa	泊松比 μ	强度极限 σ_b/MPa	屈服极限 σ_s/MPa	疲劳极限 σ_{-1}/MPa
2024 - T3	2.78	7.31×10^4	0.33	469	379	151
2117 - T4	2.75	7.10×10^4	0.33	296	165	96.5

5.2.2　分析模块选择

铆接板结构较复杂，所以需要分为两部分分析，一个为温度分析模块，一个为力学分析模块。首先进行温度场分析，将所需环境温度代入结构工件之后得到其温度分析结果，然后将结果导入力学分析模块施加振动载荷进行工件的疲劳寿命分析。其仿真模块如图 5 - 21、图 5 - 22 所示。

图 5 - 21　温度分析模块

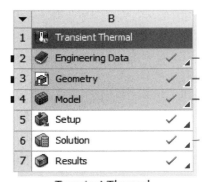

图 5 - 22　力学模块

5.2.3 仿真模型构建

1. 模型设置

铆接板材料为铝合金 2024 – T3，铆钉为 MS20470AD5 – 7 凸头铆钉，铝板尺寸 220 mm × 70 mm × 2 mm，表面粗糙度为 3.2 μm。试验件为 3 行 3 列铆接形式，铆钉间距离为 20 mm，外侧铆钉距离板长边 15 mm，距离板宽边 10 mm，其模型图如图 5 – 23 所示。

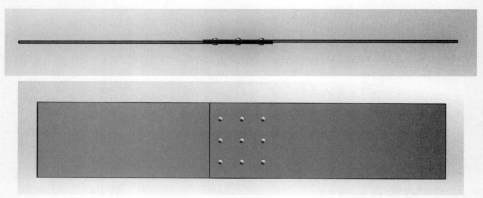

图 5 – 23 铆接板模型

将模型导入 workbench，导入后模型如图 5 – 24 所示，对其赋予材料属性。其中铆接板为铝合金 2024 – T3，铆钉为 2117 – T4。

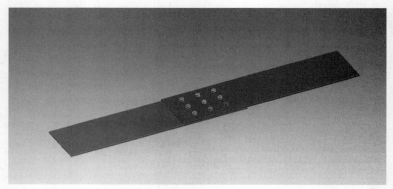

图 5 – 24 workbench 导入模型

2. 设置接触属性

设定铆接板之间，铆钉与铆接板之间的接触属性：板与板之间为 bond 接触（绑定接触），铆钉与板之间为 Friction 接触（摩擦接触），摩擦系数为 0.1，干涉量为 0.04 mm，铆钉与板之间的接触模型如图 5 - 25 所示。

图 5 - 25　铆钉接触对设置

3. 进行模型网格划分

加入网格尺寸控制命令，铆接板和铆钉的网格密度分别为 4 mm、1 mm，网格划分结果如图 5 - 26 所示。

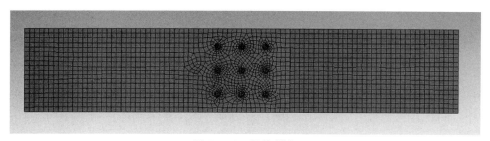

图 5 - 26　网格划分

5.2.4　约束及载荷设置

由于铆接板在实际工作中一端处于固定状态，因此需要在一端施加固定约束。

1. 施加固定约束

在工具栏中选择 Support→Fixed Support，在弹出的详细设置窗口选择左侧铆接板底面并确认，即将底部所有自由度约束，铆接板底面固定，如图 5 - 27 所示。

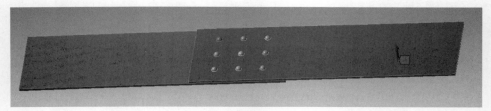

图 5 - 27　设置约束

2. 温度载荷加载

温度的变化会使铆接工件产生不同程度的热应力变形，从而产生一定的应力集中，进而对铆钉的疲劳寿命造成影响。利用 Ansys 软件对工件进行仿真运算，代入不同温度参数，探究温度对疲劳寿命的影响。

通过 Ansys 仿真软件，对铆接板施加一定的热应力之后，由于热膨胀的作用，可以观测到铆接板上的铆接部位存在一定的应力集中，如图 5 - 28 所示。

图 5 - 28　应力集中现象

在 Transient Thermal 的添加载荷选项中选择温度应力，给工件整体添加温度，如图 5 - 29 所示。对于施加不同的热应力，其应力大小也有所不同，如表 5 - 4 所示。

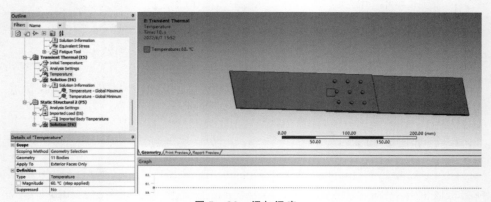

图 5 - 29　添加温度

表 5 – 4　温度 – 应力

温度/℃	应力/MPa
20	0. 001 870 1
25	0. 002 806 1
35	0. 012 16
45	0. 021 514
55	0. 030 869

由表 5 – 4 可见，由于热应力产生的应力集中现象，将对铆钉的疲劳寿命产生一定的影响，所以需要研究不同温度下铆钉的疲劳寿命。

3. 热力耦合

进入 Static Structure 分析项目，将温度场导入静力分析项目中，在 Solution 中插入 Total Deformation 和 Equivalent Stress，提交计算机求解。得到热应力云图，如图 5 – 30 所示。

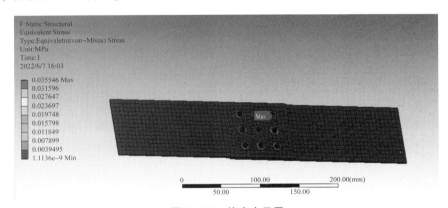

图 5 – 30　热应力云图

其正弦力求解过程同弹簧，添加振动频率、加速度等仿真条件，正弦力设置大小为 $F = 2\sin(376.8 \times t)$，正弦力施加如图 5 – 31 所示。

5. 2. 5　仿真结果分析

基于已建立的铆接板仿真模型，对其在温度—振动双环境力下的仿真结果进行分析。在保持振动正弦力载荷不变的情况下，分析铆接板在不同温度下的

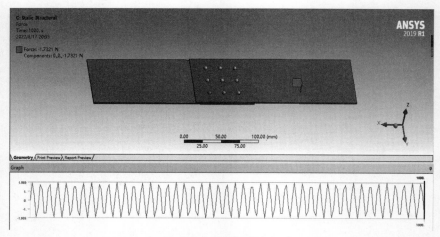

图 5 – 31　施加正弦力

响应情况。根据舰载弹药储存环境温度的极值情况，分析铆接板在 – 38 ℃、– 10 ℃、30 ℃、40 ℃、51 ℃共 5 个环境温度下弹簧疲劳寿命结果，计算结果如图 5 – 32 ~ 图 5 – 41 及表 5 – 5 所示。

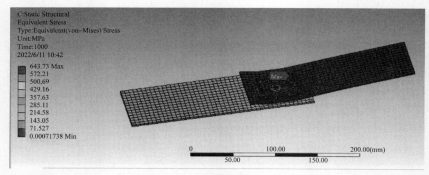

图 5 – 32　 – 38 ℃环境应力云图

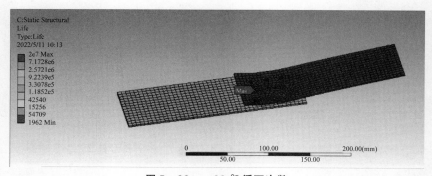

图 5 – 33　 – 38 ℃循环次数

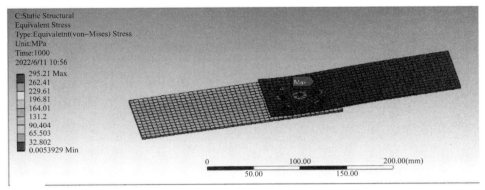

图 5 – 34　–10 ℃环境应力云图

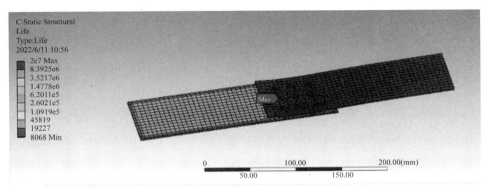

图 5 – 35　–10 ℃循环次数

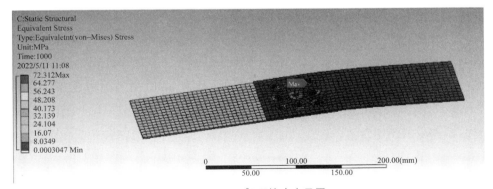

图 5 – 36　30 ℃环境应力云图

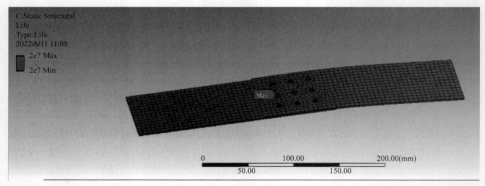

图 5 - 37　30 ℃循环次数

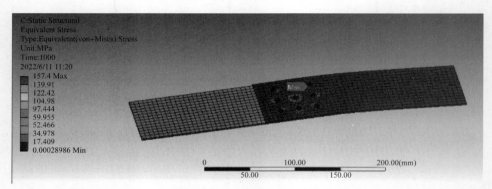

图 5 - 38　40 ℃环境应力云图

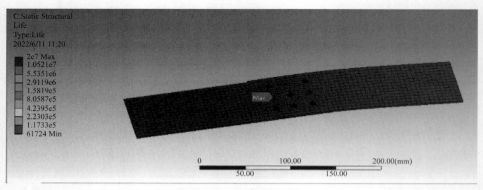

图 5 - 39　40 ℃循环次数

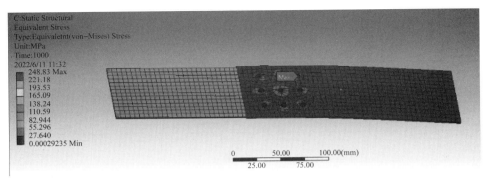

图 5-40   51 ℃环境应力云图

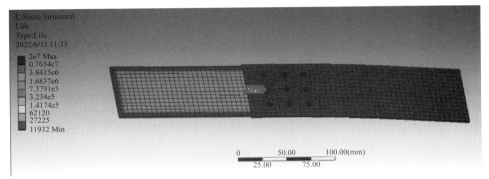

图 5-41   51 ℃循环次数

表 5-5   铆钉循环次数与温度对应关系

环境温度/℃	最大压应力/MPa	循环次数/次	疲劳寿命/s
-38	643.74	1 962	33
-10	295.21	8 068	134
30	72.31	$>10^6$	>16 667
40	157.4	61 724	1 029
51	248.83	11 932	199

　　根据图 5-32~图 5-41 及表 5-5 可知铆接板在 30 ℃时，寿命最长，达到 16 667 s 以上，在高温、低温条件下，疲劳寿命出现不同程度减小，低温对其疲劳寿命影响尤其明显，与弹簧仿真结果保持一致，验证了模型的正确性。

5.3 橡胶减振器温度—振动双环境力仿真分析

橡胶材料作为一种聚合物材料，具有很多良好的化学和物理性能，广泛应用于弹药结构中，它常被作为减振器和能量吸收材料来使用，因此，对其开展双环境力仿真分析。

5.3.1 仿真对象

简化典型弹药中的橡胶减振器结构模型，直径为 10 mm，厚度为 5 mm，其结构形式如图 5 - 42 所示。

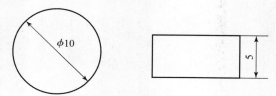

图 5 - 42　减振器结构图

减振器的材料为聚氨酯橡胶，其基本物理属性如表 5 - 6 所示。

表 5 - 6　橡胶的物理属性

密度 ρ/(g·cm^{-3})	弹性模量 E/MPa	泊松比 μ	热传导系数 (22 ℃)/(W·m^{-1}·K^{-1})
1	900	0.4	0.15

5.3.2 分析模块选择

为研究减振器在温度—振动双环境力作用下的仿真特性，对其采取热力耦合分析，建立瞬态传热分析模块以及静力学分析模块，如图 5 - 43 所示。

5.3.3 仿真模型构建

1. 模型设置

减振器模型如图 5 - 44 所示。

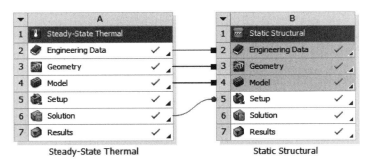

图 5 - 43　建立分析模块

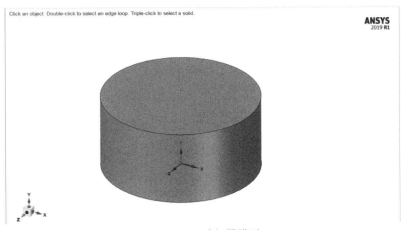

图 5 - 44　减振器模型

2. 赋予模型材料属性

将模型导入 Workbench，导入后模型如图 5 - 45 所示，按照表 5 - 6 赋予材料属性。

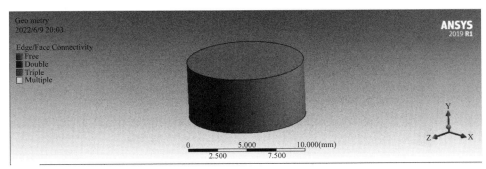

图 5 - 45　Workbench 导入模型

3. 进行模型网格划分

对模型采取 Sweep 法进行网格划分如图 5 – 46 所示，网格尺寸设置为 0.2 mm。

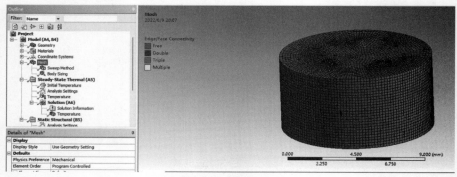

图 5 – 46　网格划分

5.3.4　约束及载荷设置

由于减振器在实际工作中一端处于固定状态，因此需要在其一端施加固定约束，同时考虑到减振器在运输过程中受到温度 – 振动双环境力影响，还需要加载温度载荷和振动载荷。

1. 固定约束加载

在工具栏中选择 Support→Fixed Support，在弹出的详细设置窗口选择减振器底面并确认，将底部所有自由度约束，减振器一端固定。如图 5 – 47 所示。

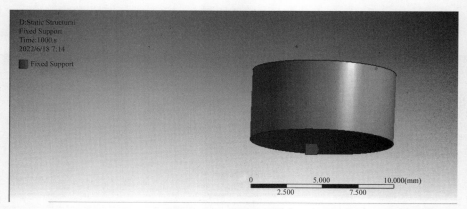

图 5 – 47　施加固定约束

2. 温度载荷加载

在热应力分析模块中对模型施加环境温度，并提交计算机解算，得到结构的温度场分布云图，如图 5 - 48 所示。

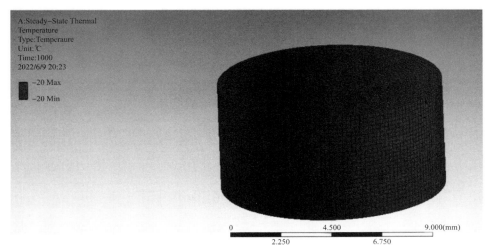

图 5 - 48　温度场分布云图

3. 热力耦合

将温度场导入静力分析项目，设置输出参数并求解，如图 5 - 49 所示。

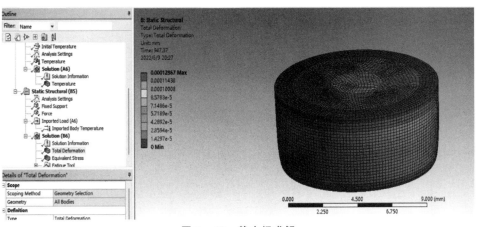

图 5 - 49　静力场求解

施加正弦力载荷 $F = 0.2\sin(376.8 \times t)$。振动载荷施加情况如图 5 - 50 所示。

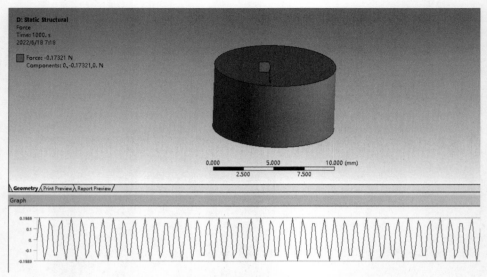

图 5 – 50　施加振动载荷

5.3.5　仿真结果分析

　　基于建立的橡胶减振器仿真模型，对其在温度—振动双环境力下的仿真结果进行分析。在保持振动正弦力载荷不变的情况下，分析减振器在不同温度下的响应情况。根据舰载弹药储存环境温度的极值情况，分析减振器在 – 38 ℃、– 10 ℃、30 ℃、40 ℃、51 ℃共 5 个环境温度下疲劳寿命结果，分析结果如图 5 – 51 ~ 图 5 – 60 及表 5 – 7 所示。

图 5 – 51　– 38 ℃环境应力云图（书后附彩插）

图 5 - 52　　- 38 ℃循环次数（书后附彩插）

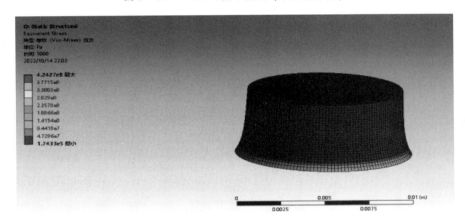

图 5 - 53　　- 10 ℃环境应力云图（书后附彩插）

图 5 - 54　　- 10 ℃循环次数（书后附彩插）

图 5 - 55　30 ℃环境应力云图（书后附彩插）

图 5 - 56　30 ℃循环次数（书后附彩插）

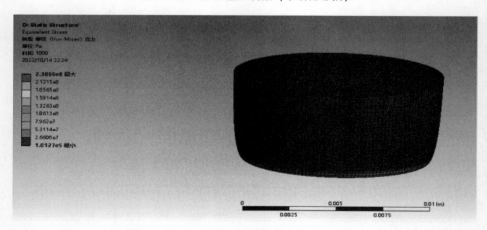

图 5 - 57　40 ℃环境应力云图（书后附彩插）

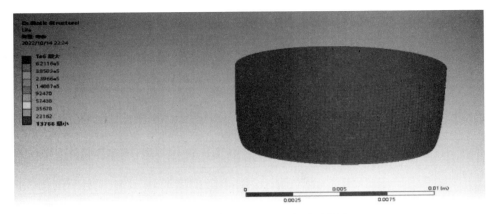

图 5 - 58　40 ℃循环次数（书后附彩插）

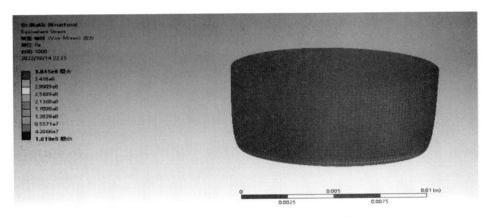

图 5 - 59　51 ℃环境应力云图（书后附彩插）

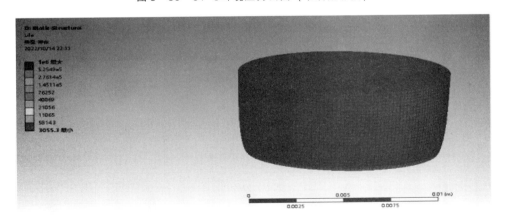

图 5 - 60　51 ℃循环次数（书后附彩插）

表 5 – 7　铆钉薄弱件循环次数与温度对应关系

环境温度/℃	最大压应力/MPa	循环次数	疲劳寿命/s
– 38	795.51	431	7
– 10	424.27	2 254	38
30	106.07	302 860	5 048
40	238.66	13 766	229
51	384.5	3 055	51

　　根据图 5 – 51 ~ 图 5 – 60 及表 5 – 7 可知，弹簧在 30 ℃ 时，减振器寿命最长，可以达到 5 048 s。且由图可知，橡胶材料受温度影响变形明显，在高温、低温条件下，弹簧疲劳寿命大幅减小，低温对减振器疲劳寿命影响尤其明显，符合理论预测结果，验证了模型的正确性。

第 6 章

典型系统评估方法

在 获得典型薄弱件可靠性数据基础上，可以根据薄弱件组成系统的结构特点，评估系统及整弹的可靠性。本章在成败型系统、指数型系统、多种分布型系统可靠性评估方法基础上，介绍弹药整体可靠性评估方法。

|6.1 成败型系统可靠性评估方法研究|

在弹药系统中，最常见的是成败型单元组成的系统，如传爆序列等。很多复杂系统的可靠性评估方法也建立在成败型系统可靠性评估方法上。在进行成败型系统可靠性评估时，较为常用的有 MML 法（极大似然法）、SR 法（序贯压缩法）、EF 法（矩拟合法）、Bayes 方法、L－M 法、CMSR 法（联合序贯压缩－极大似然法）等。在对成败型系统进行可靠性评估时，通常使用CMSR 法。

6.1.1 串联成败型系统数据折算方法

假设某成败型系统由 m 个成败型单元串联而成，在现场试验结束后，出现无失效单元 k 个，失效单元 $m-k$ 个。将无失效单元按照其试验样本量由大至小排序得到 n_{m-k+1}，n_{m-k+2}，$\cdots$，n_m，将失效单元按照其试验样本量由大至小排序得到 (n_1, s_1)，(n_2, s_2)，$\cdots$，(n_{m-k}, S_{m-k})。数据折算按照以下步骤进行。

（1）将 k 个串联单元的无失效试验数据等效于一个子系统进行了 n_m 次无失效试验数据。

（2）使用 SR 法对试验数据 (n_{m-k}, s_{m-k}) 和 (n_m, S_m)（这里 $S_m = n_m$）进行压缩，得到数据 (n'_{m-k}, S'_{m-k})，当 $S_{m-k} \geqslant n_m$ 时，有

$$s'_{m-k} = s_m = n_m , n'_{m=k} = \frac{n_{m-k}n_m}{s_{m-k}} \tag{6.1}$$

当 $S_{m-k} < n_m$ 时，有

$$s'_{m-k} = s_{m-k} , n'_{m=k} = n_{m-k} \tag{6.2}$$

（3）使用 MML 法将试验数据 (n_1, s_1)，(n_2, S_2)，$\cdots$，(n_{m-k-1}, S_{m-k-1})，(n'_{m-k}, S'_{m-k}) 等效为数据 (n, s)，则

$$n = \frac{\prod\limits_{i=1}^{m-k} \frac{n_i}{s_i} - 1}{\sum\limits_{i=1}^{m-k} \frac{1}{S_i} - \sum\limits_{i=1}^{m-k} \frac{1}{n_i}}, S = n\prod\limits_{i=1}^{m-k} \frac{S_i}{n_i} \tag{6.3}$$

式中，(n_{m-k}, s_{m-k}) 等效于 (n'_{m-k}, S'_{m-k})。

（4）得到试验数据 (n, s) 后，按照经典统计方法，得到在置信水平为 $1-\alpha$ 时的系统可靠度置信下限 R_L：

$$R_L = \left[1 + \frac{f+1}{s} \cdot F_{1-\alpha}(2f+2, 2s) \right]^{-1} \tag{6.4}$$

6.1.2　并联成败型系统数据折算方法

假设某成败型系统中有 k 个独立的单元并联，记第 j 个单元的可靠性为 R_j，其不可靠性 $Q_j = 1 - R_j$，其并联系统可靠性为

$$R = 1 - \prod_{j=1}^{k}(1 - R_j) \tag{6.5}$$

或

$$Q = 1 - R = \prod_{j=1}^{k} Q_j \tag{6.6}$$

然后按照串联系统数据折算方法对其进行处理，将试验数据按照样本量由大到小排序，数据记为 (n_i, F_i)（$i = 1, 2, \cdots, k$），其中无失效数据单元有一个，m 个失效单元，$m = k - 1$。

（1）对试验数据进行压缩，得到系统的等效试验数据：

$$(n, F_1), (n_2, F_2), \cdots, (n_m, F_m), (n_k, 0) \tag{6.7}$$

式中，$F_i \neq 0$（$i = 1, 2, \cdots, m$）。

（2）使用 SR 法对试验数据 $(n_k, 0)$ 和 (n_m, F_m) 进行压缩，得到数据 (n'_m, F'_m)，当 $n_m - F_m > n_k$ 时，有

$$n'_m = \frac{n_m n_k}{(n_m - F_m)}, F'_m = n'_m - n_k \tag{6.8}$$

当 $n_m - F_m \leqslant n_k$ 时，有

$$n'_m = n_m, F'_m = F_m \tag{6.9}$$

（3）根据并联系统相同的一、二阶矩相等原理，得到 k 个并联成败型系统等效数据 (N', F')：

$$N' = \frac{\prod\limits_{i=1}^{m} \dfrac{n_i}{F_i} - 1}{\sum\limits_{i=1}^{m}\left(\dfrac{1}{F_i}\right) - \sum\limits_{i=1}^{m}\left(\dfrac{1}{n_i}\right)}, F' = N' \prod\limits_{i=1}^{m}\dfrac{F_i}{n_i} \tag{6.10}$$

（4）得到试验数据 (N', F') 后，按照经典统计方法，得到在置信水平为 $1-\alpha$ 时的系统可靠度置信下限 R_{L}：

$$R_{\text{L}} = \left[1 + \frac{f+1}{s} \cdot F_{1-\alpha}(2f+2, 2s)\right]^{-1} \tag{6.11}$$

6.1.3 成败型系统可靠性 Bayes 估计

在系统可靠型评估中引入 Bayes 方法，假设某系统由 k 个分系统组成，其分系统试验数据为 (n_i, S_i)，$(i = 1, 2, \cdots, k)$。其中有串联部分和并联部分，将并联部分作为一个子系统，对其数据进行折算，然后以子系统作为单元进行串联系统的折算，得到系统试验等效数据 (N', S')。

在进行系统级试验后，获得现场试验数据 (N, S)，使用 Bayes 方法，根据共轭分布性质，综合试验数据 (N', S') 和 (N, S)，得到可靠度 R 的验后分布为 $B(R; S + S', F + F')$，则

$$F' = N' - S', F = N - S \tag{6.12}$$

进而得到可靠度 R 的点估计：

$$\hat{R} = E[R \mid N, S] = \frac{S + S'}{N + N' + 1} \tag{6.13}$$

在置信水平为 $1-\alpha$ 时，得到可靠度 R 的置信下限：

$$R_{\text{L}} = I_{1-\alpha}(2(S + S') + 1, 2(F + F') + 1) \tag{6.14}$$

式中，$I_{1-\alpha}(2(S + S') + 1, 2(F + F') + 1)$ 为不完全 β 函数系数。

|6.2   指数型系统可靠性评估方法研究|

指数型系统也是较为常见的系统，通过数学方法，成败型试验数据 (n, s) 和指数型试验数据 (r, η) 之间可以相互转化。

6.2.1　成败型数据折合成指数型数据

将成败型数据折合成指数型数据，可以用 Bayes 方法，对指数型可靠度 R，在无先验信息时，其验前密度可以表示为

$$\pi(R) \propto \frac{1}{R \sqrt{-\ln R}} = R^{-1}(-\ln R)^{-0.5} \tag{6.15}$$

可靠度 R 的验后密度为

$$\pi(R) \propto \frac{1}{R^{\eta} \sqrt{(-\ln R)^{r}}} \tag{6.16}$$

进而得到

$$E(R \mid \eta, r) = \left(\frac{\eta}{\eta+1}\right)^{r+0.5} \tag{6.17}$$

$$E(R^2 \mid \eta, r) = \left(\frac{\eta}{\eta+2}\right)^{r+0.5} \tag{6.18}$$

如果无先验信息，则取验前密度为

$$\pi(R) = B(R; 0.5, 0.5) \tag{6.19}$$

此时可靠度 R 的验后密度为

$$\pi(R \mid \eta, s) = B(R; S+0.5, F+0.5) \tag{6.20}$$

其一阶、二阶原点矩分别为

$$E(R \mid n, s) = \frac{s+0.5}{n+1} \tag{6.21}$$

$$E(R^2 \mid n, s) = \frac{s+0.5}{n+1} \cdot \frac{s+1.5}{n+2} \tag{6.22}$$

记

$$\left(\frac{\eta}{\eta+1}\right)^{r+0.5} = \frac{s+0.5}{n+1} = A \tag{6.23}$$

$$\left(\frac{\eta}{\eta+2}\right)^{r+0.5} = \frac{s+0.5}{n+1} \cdot \frac{s+1.5}{n+2} = B \tag{6.24}$$

联立上式，可解得 η，代入式（6.23）可得

$$r = \frac{\ln\left(\dfrac{s+0.5}{n+1}\right)}{\ln\left(\dfrac{\eta}{\eta+1}\right)} - \frac{1}{2} \tag{6.25}$$

即得到 (r, η)。

同样，指数型数据 (r, η) 也可以折合为成败型数据 (n, s)。在无先验信息时，可靠度 R 的验后一阶、二阶矩分别为

$$E(R \mid r, \eta) = \left(\frac{\eta}{\eta + 1}\right)^{r + \frac{1}{2}} \tag{6.26}$$

$$E(R^2 \mid r, \eta) = \left(\frac{\eta}{\eta + 2}\right)^{r + \frac{1}{2}} \tag{6.27}$$

无先验信息下的成败型可靠性验后一阶、二阶矩分别为

$$E(R \mid s, n) = \frac{s + 0.5}{n + 1} \tag{6.28}$$

$$E(R^2 \mid s, n) = \frac{s + 0.5}{n + 1} \cdot \frac{s + 1.5}{n + 2} \tag{6.29}$$

联立式（6.27）和式（6.28）可得

$$\frac{s + 0.5}{n + 1} = \left(\frac{\eta}{\eta + 1}\right)^{r + \frac{1}{2}} \tag{6.30}$$

$$\frac{s + 0.5}{n + 1} \cdot \frac{s + 1.5}{n + 2} = \left(\frac{\eta}{\eta + 2}\right)^{r + \frac{1}{2}} \tag{6.31}$$

由式（6.30）和式（6.31）可解得 n 和 s：

$$n = \frac{\left(\frac{\eta}{\eta + 1}\right)^{r + \frac{1}{2}}}{\left(\frac{\eta + 1}{\eta + 2}\right)^{r + \frac{1}{2}} - \left(\frac{\eta}{\eta + 1}\right)^{r + \frac{1}{2}}} - 2 \tag{6.32}$$

$$s = (n + 1)\left(\frac{\eta}{\eta + 1}\right)^{r + \frac{1}{2}} - 0.5 \tag{6.33}$$

即完成了由指数型数据 (r, η) 到成败型数据 (n, S) 的折合。

6.2.2　指数型系统可靠性评估方法

假设某系统由 k 个指数型分系统组成，试验数据分别为 (r_i, η_i)，$(i = 1, 2, \cdots, k)$，通过折算，可以得到试验等效数据 (r', η')。则可靠度 R 的验前密度记为

$$\pi(R \mid r', \eta') \propto R^{n'-1}(-\ln R)^{(r' + \frac{1}{2}) - 1} \tag{6.34}$$

获得现场试验数据 (r, η) 后，可得到

$$\pi(R \mid r, \eta) \propto \pi(R \mid r', \eta') f(r, \eta \mid R) = \pi(R \mid r', \eta') p(r, \eta \mid \lambda)$$

$$\propto R^{\eta'-1}(-\ln R)^{(r' + \frac{1}{2}) - 1} \frac{(\lambda t_0 \eta)^r}{r!} e^{-\lambda t_0 \eta} = R^{\eta'-1}(-\ln R)^{(r' + \frac{1}{2}) - 1} \frac{(\eta \ln R)^r}{r!} R^{\eta}$$

$$\propto R^{\eta' + \eta - 1}(-\ln R)^{(r + r' + \frac{1}{2}) - 1} \tag{6.35}$$

于是，可以得到可靠度 R 的点估计为

$$\hat{R} = E(R \mid r, \eta) = \left(\frac{\eta' + \eta}{\eta' + \eta + 1} \right)^{r + r' + \frac{1}{2}} \tag{6.36}$$

在置信水平为 $1 - \alpha$ 时，可靠度 R 的置信下限为

$$R_L = \exp\{ -\chi^2_{1-\alpha}(2r + 2r' + 1)/(2(\eta + \eta')) \} \tag{6.37}$$

|6.3　多种分布型系统可靠性评估方法研究|

有些子系统会包含服从不同分布类型的单元，对其进行折合后，可进行可靠度运算，以时间引信为例。

时间引信的功能——结构混合框图如图 6 - 1 所示。

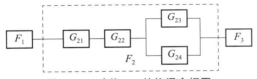

图 6 - 1　功能——结构混合框图

图中，F_1 为解除保险，F_2 为控制发火，F_3 为输出爆炸冲量，G_{21} 为装定机构，G_{22} 为瞬发及延期装置的保险机构，G_{23} 为瞬发发火机构，G_{24} 为延期装置。

通过图 6 - 1 知，时间引信由 F_1、G_{21}、G_{22}、G_{23}、G_{24} 和 F_3 6 个单元组成。各单元试验数据，如表 6 - 1 所示。

表 6 - 1　试验数据

时间引信	成功数	失败数	试验数
F_1	340.9	2.1	343
G_{21}	120	0	120
G_{22}	60	0	60
G_{23}	60	0	60
G_{24}	60	0	60
F_3	80	0	80
系统	60	0.369 61	60.369 61

首先进行理论分析。假设有总体 $\xi \sim F(x, \theta)$，$X = (X_1, X_2, \cdots, X_k)$ 为样本，$\hat{R}(X)$ 是可靠度点估计，置信水平为 $1 - \alpha$，$R_L(X)$ 是可靠度置信下限。在获得

现场试验数据 $x = (x_1, x_2, \cdots, x_k)$ 后，得到 $\hat{R} = \hat{R}(x)$ 和 $R_L = R_L(x)$，通过式

$$s/n = \hat{R}(x_1, x_2, \cdots, x_k) \tag{6.38}$$

$$\int_{R_L}^{1} x^{s-1}(1-x)^{n-s}dx = (1-\alpha)\int_0^1 x^{s-1}(1-x)^f dx \tag{6.39}$$

式中，$f = n - s$。

通过以上公式可得到等效成败型数据 (n, s)。若取其极大似然估计，取经典非随机化最优置信限，式（6.38）和式（6.39）可以分别写为

$$\hat{R} = s/n \tag{6.40}$$

$$R_L = \left[1 + \frac{f+1}{s}F_{1-\alpha}(2f+2, 2s)\right]^{-1} \tag{6.41}$$

式中，s 和 f 的值可以通过迭代求得，迭代公式为

$$f^{(i-1)} = \frac{s^{(i-1)}(1-\hat{R})}{\hat{R}} \tag{6.42}$$

$$s^{(i)} = \frac{(f^{(i+1)}+1)R_L F_{1-\alpha}^{(i-1)}(2f+2, 2s)}{1-R_L} \tag{6.43}$$

式中，$F_{1-\alpha}^{(i-1)}(2f+2, 2s)$ 为自由度为 $2f^{(i+1)} + 2$ 和 $2s^{(i-1)}$ 的 F 分布的 $1-\alpha$ 分位数。

在迭代过程中自由度一般不是整数，F 分位数可通过下式近似得到，即

$$F_{1-\alpha}(2f+2, 2s) = \left\{\frac{(1-a)(1-b) + u_{1-\alpha}[(1-a)^2 b + a(1-b)^2 - abu_{1-\alpha}^2]^{1/2}}{(1-b)^2 - bu_{1-\alpha}^2}\right\} \tag{6.44}$$

式中，$a = \dfrac{1}{9(f+1)}$；$b = \dfrac{1}{9s}$；$U_{1-\alpha}$ 为标准正态分布的 $1-\alpha$ 分位数。

根据上面理论推导，F_1 为计量型，服从正态分布，通过计算得到其可靠度点估计 $\hat{R} = 0.993\ 88$，在置信水平 $1-\alpha = 0.95$ 时，可靠度置信下限为 $R_L = 0.981\ 33$，按照上述方法将其折合为成败型数据 $(n_1 = 343, s_1 = 340.9, f_1 = 2.1)$。其他试验均为成败型且无失效，将无失效数据单元压缩成试验样本量最小的单元试验数据 $n_2 = s_2 = 60$，折合为现场试验数据 $(n, s) = (60.369\ 61, 60)$，最终得到时间引信系统可靠度置信下限 $RSL = 0.941\ 0$。

6.4 整体可靠性评估

首先通过层次分析法对薄弱件的多来源数据进行数据融合获得其寿命数

据，进而利用模糊性能状态判断法，将薄弱件划分为两种性能状态：可用和不可用。并使用隶属度函数，计算薄弱件的状态隶属度，将寿命数据转换为表征性能状态的概率数值。在此基础上，建立弹药典型薄弱件可靠性信息融合数据库，结合事故树模型，使用贝叶斯网络评估弹药的整体可靠度。本节利用该方法对一种舰载弹药储存可靠度进行评估。

6.4.1　不同源数据的权重确立

由于数据获取的来源不同、使用工况不同，同时存在着相似产品的寿命数据，这些数据对于产品可靠性评价的重要性是不同的。可通过层次分析法（AHP）对薄弱件的多来源数据进行数据融合。层次分析法是指将与总决策有关的元素分解成目标、准则、方案等层次，通过定性指标模糊量化算法算出各元素的权重系数，进而进行权重的分配。

以密封圈的为例，密封圈的可靠性与其固有的可靠性有关，同时也与其加工精度要求、工况环境的优劣有关系。以此建立层次模型，从上到下分别为目标层、准则层和方案层，如图 6 - 2 所示。

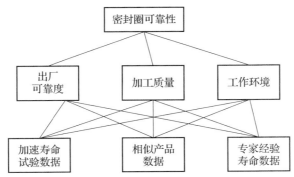

图 6 - 2　弹簧可靠性评价层次结构

层次分析法采用 1~5 标度方法，标准如表 6 - 2 所示，通过结合文献调查与咨询专家，构建出准则层元素相对于目标层的判断矩阵、方案层相对于准则层的判断矩阵。

表 6 - 2　标度含义

标度	含义
1	表示两个因素相比同等重要
2	表示两个因素相比，前者比后者稍微重要
3	表示两个因素相比，前者比后者明显重要

续表

标度	含义
4	表示两个因素相比，前者比后者强烈重要
5	表示两个因素相比，前者比后者极端重要
小数	上述两相邻判断的中间值
倒数	两个要素相比，后者比前者的重要性标度

其判断矩阵表示为

$$A = \begin{bmatrix} a_{11} & a_{12} & a_{13} \\ a_{21} & a_{22} & a_{23} \\ a_{31} & a_{32} & a_{33} \end{bmatrix} \tag{6.45}$$

根据下式求得最大特征值 $\lambda_{\max}$：

$$AW = \lambda_{\max} W \tag{6.46}$$

矩阵一致性检验 CR 可表示为

$$CI = \frac{\lambda_{\max} - n}{n - 1}$$

$$CR = \frac{CI}{RI} \tag{6.47}$$

式中，A 为判断矩阵；W 为判断矩阵的特征向量；CI 是一致性指标；RI 为判断矩阵的平均随机一致性指标，对于三阶判断矩阵来说，RI 一般取值为 0.52；CR 为一致性比例，当 CR < 0.1 时，符合一致性检验；n 为矩阵阶数。

6.4.2　模糊性能状态判断

根据薄弱件的寿命数据，利用模糊函数确定部件的性能状态，如图 6-3 所示。由于弹药属于长期储存一次性使用的产品，模糊语言集可以描述为 {不可用，可用}，分别对应的隶属函数为 $\mu A(t)$、$\mu B(t)$，图中 t_1 为最低储存时间，t_2 为完成储存任务时间，通过隶属度函数判断薄弱件的性能状态。

同样以密封圈为例，通过对其建立永久变形率曲线，可以得到其在规定

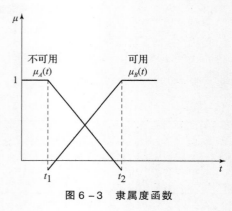

图 6-3　隶属度函数

阈值下的工作寿命，其在室温 25 ℃下的寿命为 12.56 年。经过文献查询以及专家咨询，所得寿命数据为 13.8 年，相似类产品寿命为 14.8 年。如表 6 - 3 所示。

表 6 - 3　源数据分析

数据来源	寿命/年
试验数据	12.56
相似产品数据	14.8
专家经验及文献数据	13.8

依据层次分析法建立如下矩阵：

$$A = \begin{bmatrix} 1 & 3 & 2 \\ 1/3 & 1 & 1/2 \\ 1/2 & 2 & 1 \end{bmatrix}, B = \begin{bmatrix} 1 & 4 & 2 \\ 1/4 & 1 & 1 \\ 1/2 & 1 & 1 \end{bmatrix}$$

$$C = \begin{bmatrix} 1 & 1/3 & 1/4 \\ 3 & 1 & 1/2 \\ 4 & 2 & 1 \end{bmatrix}, D = \begin{bmatrix} 1 & 1/3 & 2 \\ 3 & 1 & 3 \\ 1/2 & 1/3 & 1 \end{bmatrix}$$

矩阵 A 表示方案层对准则层出厂可靠度的判断矩阵；矩阵 B 表示方案层对准则层加工质量的判断矩阵；矩阵 C 表示方案层对准则层工作环境的判断矩阵；矩阵 D 表示准则层对目标层的判断矩阵，矩阵一致性检验皆小于 0.1。其特征向量如下：

$$W_A = [0.846\ 8, 0.256\ 5, 0.466\ 0]$$

$$W_B = [0.892\ 0, 0.281\ 0, 0.354\ 0]$$

$$W_C = [0.186\ 2, 0.488\ 1, 0.852\ 7]$$

$$W_D = [0.376\ 2, 0.895\ 7, 0.237\ 0]$$

通过计算可得方案层对目标层的权重系数：$\omega_1 = 0.323\ 0$，$\omega_2 = 0.329\ 1$，$\omega_3 = 0.347\ 8$。融合后的评估寿命为

$$T_总 = \omega_1 \times 12.56 + \omega_2 \times 14.8 + \omega_3 \times 13.8 = 13.727\ 2$$

通过隶属度函数，设 $t_1 = 12$ 年，$t_2 = 18$ 年，则计算可得 $\mu_A = 0.712\ 1$，$\mu_B = 0.287\ 9$。

6.4.3　贝叶斯网络模型分析

贝叶斯网络（BN）是一个有向无环图（DAG），其中的节点表示系统的变量，节点之间的有向连线表征因果变量之间的相互依赖关系。BN 不仅可以预

测未知变量的概率，同时也可以依据其他确定状态的变量，通过 BN 推理来推导出已知变量的更新概率。

假设 BN 中的节点为 $X = \{x_1, x_2, \cdots, x_l\}$，根据链式规则，BN 的联合概率分布 $P(X)$ 表示如下：

$$\begin{aligned} P(X) &= P(x_1, x_2, \cdots, x_l) \\ &= P(x_1)P(x_2 | x_1) \cdots P(x_l | x_1, x_2, \cdots, x_l) \\ &= \prod_{i=1}^{l} P(x_i | x_1, x_2, \cdots, x_{i-1}) \end{aligned} \quad (6.48)$$

首先假设节点状态，如可用，不可用，分别用 1，0 表示。依据系统的特点，可以将其分为串联系统和并联系统。

1. 串联系统

串联系统顾名思义，即表示两个部件的串联关系，只要其中任意一个薄弱件发生故障，整个系统就会发生故障。假设系统为 A，薄弱体表示为 x_1，x_2，其示意图如图 6-4（a）所示，A 作为 x_1，x_2 的子节点在 BN 中如图 6-4（b）所示，其 CPT 表如表 6-4 所示（1 为可用，0 为不可用）。

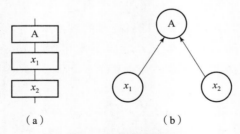

图 6-4　串联示意图

表 6-4　CPT 表

x_1	x_2	T	$P(T=0 | x_1, x_2)$	$P(T=1 | x_1, x_2)$
0	0	0	1	0
0	1	0	1	0
1	0	0	1	0
1	1	1	0	1

用精确推理算法桶排除法进行概率计算，可表示如下：

$$P(T = 1) = \sum_{T=1} P(x_1, x_2, T) = \sum_{T=1} P(T = 1 | x_1, x_2) P(x_1, x_2)$$

$$= \sum_{T=1} P(T = 1 | x_1, x_2) P(x_1) P(x_2)$$

$$= \sum_{T=1} P(T = 1 | x_1 = 1, x_2 = 0) P(x_1 = 1) P(x_2 = 0) +$$

$$\sum_{T=1} P(T = 1 | x_1 = 1, x_2 = 1) P(x_1 = 1) P(x_2 = 1) +$$

$$\sum_{T=1} P(T = 1 | x_1 = 0, x_2 = 1) P(x_1 = 0) P(x_2 = 1)$$

2. 并联系统

假设系统 A 由两个关重件 x_1，x_2 组成，当且仅当 x_1，x_2 同时发生故障时，系统 A 发生故障，其示意图如图 6 – 5（a）所示，在 BN 图中表示如图 6 – 5（b），其 CPT 表如表 6 – 5 所示（1 为可用，0 为不可用）。

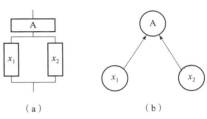

图 6 – 5　并联示意图

表 6 – 5　CPT 表

x_1	x_2	T	$P(T = 0 | x_1, x_2)$	$P(T = 1 | x_1, x_2)$
0	0	0	1	0
0	1	1	0	1
1	0	1	0	1
1	1	1	0	1

概率计算如下：

$$P(T = 1) = \sum_{T=1} P(x_1, x_2, T)$$

$$= \sum_{T=1} P(T = 1 | x_1, x_2) P(x_1, x_2)$$

$$= \sum_{T=1} P(T = 1 | x_1, x_2) P(x_1) P(x_2)$$

$$= \sum_{T=1} P(T = 1 | x_1 = 1, x_2 = 1) P(x_1 = 1) P(x_2 = 1)$$

6.4.4　实例分析

1. 薄弱件寿命评估数据

针对 3.1.3 节典型弹药的故障树和薄弱件，根据典型薄弱件的加速寿命试验、自然储存试验以及文献查询数据，得到的储存寿命如表 6-6 所示。

表 6-6　薄弱件寿命预估表

类别	薄弱件	储存寿命/年		
		甲板存放	舱室储存	
			普通舱室	空调舱室
		高温 51 ℃	高温 40 ℃	高温 30 ℃
弹体表面薄弱件	"三防"漆	2.3	>2.3	>2.3
	合金钢钉	0.5	1.85	4.98
弹体内部薄弱件	电雷管	1.12	3.57	10.4
	密封圈	2.04	4.24	8.64
	灌封胶	2.83	5.50	10.50
	精密金属膜电阻器	5.49	8.02	11.58
	钽电解电容	5.57	8.12	11.72
	电感器	5.06	7.39	10.67
	二极管	5.56	8.11	11.71
	固态继电器	5.05	7.37	10.64
	热电池	0.62	1.85	4.98
	加速度计	3.32	7.43	16.28
	电动舵机结构件	9.32	>9.32	>9.32
	光纤陀螺	4.55	6.87	20.92
	弹簧	17.01	30.15	>30.15

2. 贝叶斯网络构建

在该型弹药故障树基础上搭建出该型弹药贝叶斯网络，其子节点网络如图 6 - 6 所示。其中弹体结构中，合金钢板涂有"三防"漆，当"三防"漆失效时即判定弹体失效，其简化子节点如图 6 - 6（a）所示。

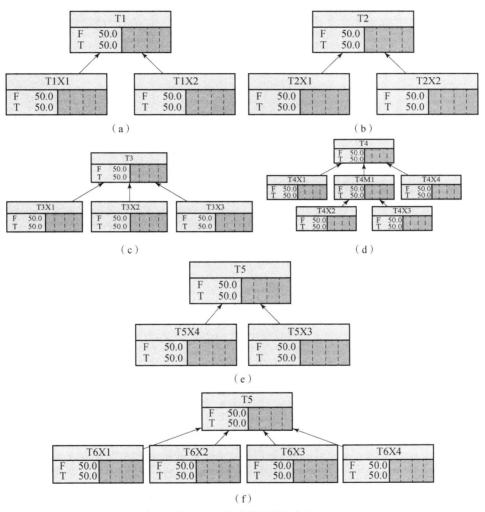

图 6 - 6　贝叶斯网络子节点

（a）弹体结构；（b）组合导航系统；（c）主控计算机；
（d）电动舵机；（e）电气系统；（f）引信

以此为基础，建立整弹贝叶斯网络，如图 6 - 7 所示。

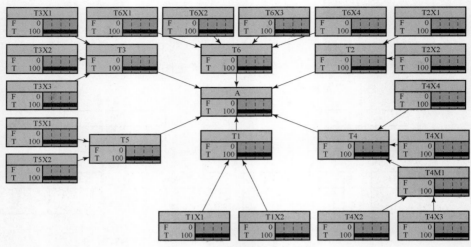

图 6 - 7　整弹贝叶斯分析网络

3. 整弹可靠性分析

通过贝叶斯网络计算得出。

（1）当在甲板存放极值环境下时，弹药最低储存 1 个月，储存 8 个月即满足储存需求时，弹药的整体可靠度为 63.9%，通过贝叶斯网络反向薄弱件溯源，求出影响弹药可靠度的最高风险因素是：合金钢钉失效，其次是热电池。当调整储存最长时间为 6 个月时，弹药的可靠度为 98.15%。

（2）当在舱室无空调极值环境下存放时，弹药最低储存 1 个月，储存 2 年即满足储存需要时，弹药整体可靠度为 89.8%，当调整储存最长时间为 1.9 年时，弹药整体可靠度为 94.9%，当判定弹药为 100% 失效时，通过贝叶斯网络反向薄弱件溯源可以得出失效风险较高的元器件为热电池。

（3）当在舱室空调极值环境下储存时，弹药最低储存期限 2 年，储存 5 年即满足储存需要时，弹药整体可靠度为 97.2%，其中失效风险最高的元器件为电雷管，其次为热电池。

通过故障树分析，建立弹药的贝叶斯网络，实现了弹药总体的失效概率定量计算；并通过贝叶斯网络的逆向分析，得到了不同储存环境下的易失效薄弱件。综合分析，热电池是弹药内部易发生失效的薄弱部件，其在较高的温度下性能衰减较快，需要定期进行维护。

参 考 文 献

[1] 宣兆龙. 装备环境工程 [M].2 版. 北京：北京航空航天大学出版社，2015.

[2] 林臻，李国璋，白鸿柏，等. 金属材料海洋环境腐蚀试验方法研究进展 [J]. 新技术新工艺，2013（08）：68-74.

[3] 柳爱利，寇方勇. 海洋环境对舰载导弹储存可靠性影响分析 [J]. 海军航空工程学院学报，2013，28（03）：285-288+296.

[4] 向延华，鲁亮，胡宇鹏. 基于海洋大气环境的盐雾参数分析 [J]. 电子技术，2017，46（12）：30-35.

[5] 徐国葆. 我国沿海大气中盐雾含量与分布 [J]. 环境技术，1994（03）：1-7.

[6] 杨清熙，宣兆龙，李天鹏，等. 舰载航空弹药储存环境分析 [J]. 兵器装备工程学报，2021，42（10）：137-143.

[7] 曾勇银. 盐雾环境对沥青混合料性能影响的研究 [D]. 大连：大连交通大学，2018.

[8] 吴红光，董洪远，齐强，等. 舰载武器装备海洋环境适应性研究 [J]. 海军航空工程学院学报，2007（01）：161-165.

[9] 倪震明，赵方超，肖勇，等. 热带海洋环境下舰艇携行弹药的环境效应分析 [J]. 装备环境工程，2018，15（06）：93-98.

[10] 孙湘平. 中国近海区域海洋 [M]. 北京：海洋出版社，2006.

[11] 蔡健平，张萌，赵婉. 装备典型舰载平台振动环境严酷度分析 [J]. 装备环境工程，2015，12（01）：87-92.

[12] 马丽娥. 舰船武器装备环境适应性研究与分析 [J]. 舰船科学技术，2006（02）：42-44.

[13] 陆永红，钟生新. 舰空导弹实弹射击时的电磁兼容性检查 [J]. 舰船电子对抗，2007（04）：116-118. DOI：10.16426/j.cnki.jcdzdk.2007.04.004.

[14] GJB 2208—1994，舰载导弹发射最低安全要求 [S]. 北京：国防科学技

术工业委员会, 1994.

[15] GJB 1060.2—1991, 舰船环境条件要求——气候环境 [S]. 北京: 国防科学技术工业委员会, 1991.

[16] GJB 1060.1—1991, 舰船环境条件要求——机械环境 [S]. 北京: 国防科学技术工业委员会, 1991.

[17] GJB 1446.40—1992, 舰船系统界面要求——电磁环境——电磁辐射 [S]. 北京: 国防科学技术工业委员会, 1992.

[18] 孙晓丁. 数控冲床环境适应性技术研究 [D]. 重庆: 重庆大学, 2013.

[19] 唐承畅, 庞志兵, 尹全亮, 等. 东南沿海环境因素对某型地空导弹的影响及防护 [C] //第十二届人 – 机 – 环境系统工程大会论文集. 美国科研出版社 (Scientific Research Publishing, 2012: 248 – 251.

[20] 中国电子科技集团电科院电子电路柔性制造中心. SMT 连接技术手册 [M]. 北京: 电子工业出版社, 2008.

[21] 宣兆龙, 蔡军锋, 段志强. 野战装备防护技术 [M]. 北京: 国防工业出版社, 2015.

[22] 徐永成, 罗日荣, 陈循, 等. 复杂电磁环境下装备损伤模式与保障问题研究 [J]. 国防科技, 2008 (04): 27 – 33.

[23] 康蓉莉, 姬广振. 装甲车辆环境剖面分析及环境量值确定 [J]. 装备环境工程, 2008, 5 (06): 68 – 71.

[24] 杨清熙, 杜博文, 宣兆龙, 等. 弹药储存环境主要影响因素灰关联熵分析方法 [J]. 兵器装备工程学报, 2020, 41 (07): 86 – 89.

[25] 郑绪新, 刘光萍. 基于煤矿事故类型的灰关联熵分析 [J]. 煤炭技术, 2010, 29 (08): 83 – 84.

[26] 何益艳, 安振涛, 宣兆龙. 弹药安全工程 [M]. 北京: 兵器工业出版社, 2016.

[27] 樊运晓, 罗云. 系统安全工程 [M]. 北京: 化学工业出版社, 2009.

[28] 张志会. 高原环境弹药储存可靠性及评估方法研究 [D]. 南京: 南京理工大学, 2008.

[29] 蔡静, 王玉梅. 基于 Wiener 过程的性能退化产品可靠性评估 [J]. 湖南理工学院学报 (自然科学版), 2012, 25 (02): 23 – 25.

[30] 崔增辉, 宣兆龙, 李天鹏, 等. 加速试验在新型弹药可靠性研究上的应用 [J]. 装备环境工程, 2021, 18 (09): 1 – 6.

[31] 杨楚昊. 基于随机过程模型的铁路货车车轮退化建模与寿命预测 [D].

北京：北京交通大学，2020. DOI：10. 26944/d. cnki. gbfju. 2020. 000658.

[32] 李晓阳，姜同敏. 加速寿命试验中多应力加速模型综述 [J]. 系统工程与电子技术，2007（05）：828 – 831.

[33] 祝学军，管飞，王洪波，等. 战术弹道导弹贮存延寿工程基础 [M]. 北京：中国宇航出版社，2015.

[34] 陈循，张春华，汪亚顺，等. 加速寿命试验技术与应用 [M]. 北京：国防工业出版社，2013.

[35] 张详坡，尚建忠，陈循，等. 三参数 Weibull 分布竞争失效场合加速寿命试验统计分析 [J]. 兵工学报，2013，34（12）：1603 – 1610.

[36] 袁宏杰，李楼德，段刚，等. 加速度计储存寿命与可靠性的步进应力加速退化试验评估方法 [J]. 中国惯性技术学报，2012，20（01）：113 – 116. DOI：10. 13695/j. cnki. 12 – 1222/o3. 2012. 01. 013.

[37] 冯静，潘正强，孙权，等. 小子样复杂系统可靠性信息融合方法及其应用 [M]. 北京：科学出版社，2015.

[38] 姜波，齐杏林，崔亮，等. 发射装药保温时间仿真计算 [J]. 火工品，2010（03）：47 – 50.

[39] 王玲，杨万均，张世艳，等. 热带海洋大气环境下电连接器环境适应性分析 [J]. 装备环境工程，2012，9（06）：5 – 9.

[40] 王丹萍，陈朝晖，刘清亭，等. 复合促进剂在三元乙丙橡胶中的应用 [J]. 特种橡胶制品，2005（03）：12 – 15. DOI：10. 16574/j. cnki. issn1005 – 4030. 2005. 03. 004.

[41] 刘佩风，刘宇峰，唐保强，等. 某型橡胶减振器的加速老化寿命试验研究 [J]. 装备环境工程，2019，16（03）：5 – 8.

[42] 尹西岳. 温度、应力加速试验对螺旋压缩弹簧应力松弛行为的影响 [D]. 天津：天津大学，2012.

[43] 王柯. 螺旋压缩弹簧应力松弛特性分析及服役寿命预测 [D]. 西安：西安理工大学，2019.

[44] 郭小燕. 新型橡胶隔振器静态及蠕变特性分析 [D]. 武汉：湖北工业大学，2014.

[45] 单成祥，朱彦文，张春. 传感器原理与应用 [M]. 北京：国防工业出版社，2006.

[46] 汪铭峰，朱铁铭，杨京燕，等. 基于 IAHP 的高压配电网接线模式选取 [J]. 浙江电力，2010，29（06）：9 – 12 + 22. DOI：10. 19585/j. zjdl.

2010.06.003.

[47] 尹晓伟，钱文学，谢里阳. 贝叶斯网络在机械系统可靠性评估中的应用
[J]. 东北大学学报（自然科学版），2008（04）：557－560.

[48] 汤卫红. 武器装备可靠性、维修性、保障性、安全性、测试性、环境适应性工作手册［M］. 西安：西北大学出版社，2014.05.

[49] 孙同生，于存贵. 某自行火炮寿命期环境剖面分析［J］. 装备环境工程，2016，13（02）：144－148.

[50] 王静. 导弹贮存指标体系研究［J］. 强度与环境，2012，39（02）：58－63.

[51] 王丰，张剑芳，姜大立，等. 军事仓储管理［M］. 北京：中国物资出版社，2005.11.

[52] 孙靖杰，李居伟，王晓彤. 温湿度对库存航空弹药质量的影响及对策分析［J］. 国防制造技术，2017（01）：74－76.

[53] 黄崇福，倪晋仁，吴宗之，等. 海洋环境特征诊断与海上军事活动风险评估［M］. 北京：北京师范大学出版社，2012.06.

[54] 张彩先，蒋晓彦，孙艳，等. 直升机东南沿海地区环境适应性研究［J］. 装备环境工程，2009，6（01）：66－70.

[55] 丛华，樊新海，邱绵浩. 装甲车辆试验学［M］. 北京：北京理工大学出版社，2019.06

[56] 米红，张文璋. 实用现代统计分析方法及 SPSS 应用［M］. 北京：当代中国出版社，2004.05.

[57] 程娟. 基于 Bayes 方法的武器装备存储可靠性分析［J］. 电子世界，2013（18）：111－112.

[58] 王军波，宋荣昌，董海平，等. 高价值弹药引信小子样可靠性试验与评估［M］. 北京：国防工业出版社，2016.04.

[59] 程泽，宣兆龙，刘亚超，等. 基于 Bayes 的电子元件高温贮存试验方法研究［J］. 装备环境工程，2013，10（04）：20－22＋46.

[60] 孙权，冯静，潘正强. 基于性能退化的长寿命产品寿命预测技术［M］. 北京：科学出版社，2015.01.

[61] 张朝晖. ANSYS 热分析教程与实例解析［M］. 北京：中国铁道出版社，2007.05.

[62] 王召斌，任万滨，翟国富. 加速退化试验与加速寿命试验技术综述［J］. 低压电器，2010（09）：1－6. DOI：10.16628/j.cnki.2095－

8188. 2010. 09. 001.

[63] 陈津虎，金锐，李星，等. 某型硅橡胶减振器的加速贮存试验技术研究
[J]. 强度与环境，2013，40（01）：54 – 57.

[64] 李洪春，杨晓东，李晓鹏. 长期贮存条件下的 O 形橡胶密封圈摩擦力变
化研究 [J]. 液压气动与密封，2019，39（11）：7 – 13.

[65] 宫晓春，秦玉灵，赵薇，等. 某型金属减振器的加速贮存验证试验方法
研究 [J]. 装备环境工程，2021，18（04）：82 – 87.

[66] 江民圣. ANSYS Workbench 19. 0 基础入门与工程实践 [M]. 北京：人
民邮电出版社，2019. 01.

[67] 陈福玉，朱如鹏，王宇波，等. 基于 Workbench 的铆接连接件疲劳寿命
的仿真分析 [J]. 机械制造与自动化，2011，40（04）：112 – 115.

[68] 鲍敏，陈福玉. 铝合金铆接件疲劳损伤的影响因素分析 [J]. 机械制造
与自动化，2014，43（02）：43 – 45 + 56. DOI：10. 19344/j. cnki.
issn1671 – 5276. 2014. 02. 012.

[69] 徐玉茗，邓超. 基于支持向量机和 Bayes 方法的机械系统可靠性综合方
法 [J]. 机械设计与制造，2010（05）：212 – 214.

[70] 吴畏，赵锋. 反舰导弹可靠性试验信息处理与综合方法研究 [J]. 舰船
电子工程，2013，33（12）：130 – 133.

[71] 韩凤霞，王红军，邱城. 基于模糊贝叶斯网络的生产线系统可靠性评价
[J]. 制造技术与机床，2020（09）：45 – 49.

[72] 潘文庚. 温度和电磁环境对航弹失效影响分析 [D]. 南京理工大
学，2008.

[73] 翟胜，田硕，陈倩倩. 基于贝叶斯网络可靠性分析方法的研究与应用
[J]. 计算机测量与控制，2020，28（09）：262 – 266.

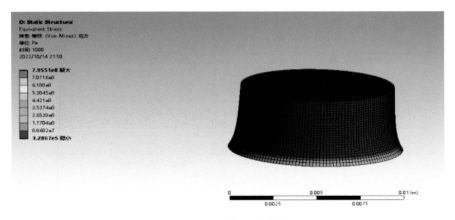

图 5 - 51 -38 ℃环境应力云图

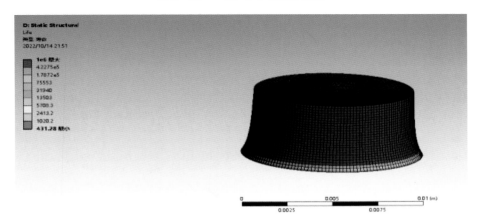

图 5 - 52 -38 ℃循环次数

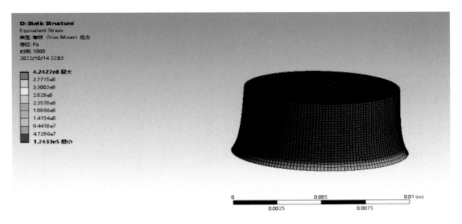

图 5 - 53 -10 ℃环境应力云图

图 5 - 54   - 10 ℃循环次数

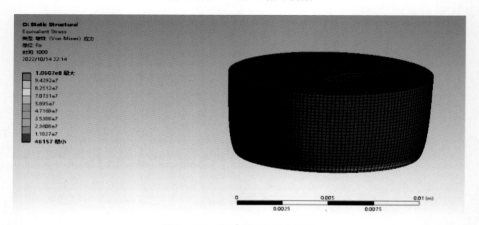

图 5 - 55   30 ℃环境应力云图

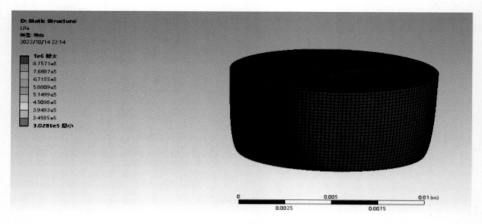

图 5 - 56   30 ℃循环次数

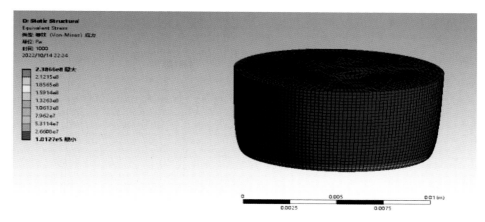

图 5 - 57　40 ℃环境应力云图

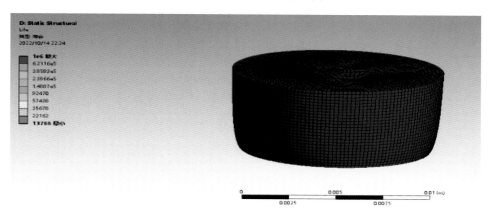

图 5 - 58　40 ℃循环次数

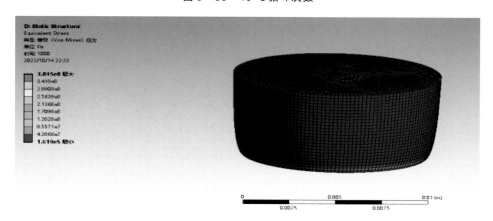

图 5 - 59　51 ℃环境应力云图

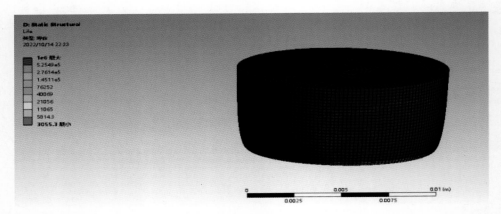

图 5 - 60　51 ℃循环次数